Moses Kambou

Gestão das terras no município de Wa, no Gana

Moses Kambou

Gestão das terras no município de Wa, no Gana

ScienciaScripts

Cover image: www.ingimage.com

This book is a translation from the original published under ISBN 978-3-659-86023-2.

Publisher:
Sciencia Scripts
is a trademark of
Dodo Books Indian Ocean Ltd. and OmniScriptum S.R.L publishing group

120 High Road, East Finchley, London, N2 9ED, United Kingdom
Str. Armeneasca 28/1, office 1, Chisinau MD-2012, Republic of Moldova, Europe
Printed at: see last page
ISBN: 978-620-8-31626-6

ÍNDICE DE CONTEÚDOS

ACRÓNIMOS 2

CAPÍTULO 1 3

CAPÍTULO 2 9

CAPÍTULO 3 23

CAPÍTULO 4 29

CAPÍTULO 5 39

REFERÊNCIAS 43

Apêndice A 49

Apêndice B 52

ACRÓNIMOS

AIDS	Acquired Immune Deficiency Syndrome
CDD	Center for Democratic Development
CLSs	Customary Land Systems
CTIs	Customary $_{Tenure}$ Institutions
EU	European Union
GIDA	Ghana Irrigation Development Agency
IIED	International Institute for Environment and Development
HIV	Human Immune Virus
LA	Land Administration
LAP	Land Administration Project
LASs	Land Administration Systems
RCC	Regional Coordinating Council
SPSS	Statistical Package for Service Solution

CAPÍTULO 1

INTRODUÇÃO

Antecedentes do livro

A gestão dos recursos naturais, como a terra, é um dos desafios mais críticos que os países em desenvolvimento, como o Gana, enfrentam atualmente. A terra e outros recursos, como a água e a biodiversidade, são vitais para as comunidades marginalizadas, uma vez que oferecem oportunidades e alternativas diversificadas de subsistência. Também proporcionam uma sensação de segurança quando as oportunidades de emprego formal e o acesso aos recursos são limitados (Abdulai & Ndekugri, 2007). Os recursos terrestres continuam a ter um grande significado histórico, cultural e espiritual. Consequentemente, a terra tem sido uma fonte de conflito e contestação (Bob, Swart, Maharaj & Louw, 2008). Dada a sua importância, o acesso e a disponibilidade dos recursos fundiários são fundamentais para garantir uma melhoria real e duradoura do bem-estar social, económico e político, especialmente em sociedades vulneráveis, propensas à instabilidade e aos conflitos.

De acordo com Odgaard (2006), a importância vital das questões fundiárias para o desenvolvimento social e económico em África é inquestionável. O facto de a terra se estar a tornar um recurso cada vez mais escasso em muitas partes do continente, e também um recurso mais sujeito a conflitos, implica que as questões relacionadas com os direitos fundiários, a gestão e os conflitos fundiários ocupam agora um lugar de destaque na agenda política, tanto nos países africanos como entre os doadores internacionais. Na época colonial, foram feitas várias tentativas para melhorar a gestão das terras no Gana. Algumas destas tentativas destinavam-se a resolver as contradições na posse da terra a favor dos interesses do Estado (Aryeetey, Ayee *et al.,* 2007) e a melhorar a segurança da posse e o desenvolvimento económico nas terras consuetudinárias.

Os governos pós-coloniais do Gana continuaram a tradição da reforma agrária, promulgando uma série de legislação para controlar as terras consuetudinárias. O fornecimento de terras consuetudinárias no Gana peri-urbano tem estado sob pressão considerável devido à procura crescente de terras para habitação. Em consequência, há movimentos de inquilinos das zonas centrais da cidade para povoações mais estabelecidas na periferia, a fim de escapar a condições de sobrelotação e a rendas urbanas elevadas (Gough & Yankson, 2000). A sobreposição das instituições estatais de gestão da terra às áreas consuetudinárias também afectou as instituições indígenas, fazendo com que funcionassem de forma menos eficaz nas zonas periurbanas do que nas zonas rurais. Consequentemente, os sistemas consuetudinários não foram capazes de evoluir para fazer face à rapidez, volume, diversidade e complexidade das questões contemporâneas de gestão fundiária, como o demonstram, por exemplo, algumas zonas do Gana (Kasanga & Kotey, 2001).

Uma gestão eficiente da terra proporcionará segurança aos indivíduos e facilitará o crescimento dos centros urbanos. Os procedimentos de acesso à terra podem constituir um incentivo ou um desincentivo ao investimento na terra (Abdulai & Ndekugri, 2007). Os mecanismos de atribuição do solo têm impacto no seu desenvolvimento, na forma como o trabalho e o capital são aplicados e na distribuição das recompensas das actividades de utilização do solo. Mecanismos eficientes de afetação do solo urbano conduzirão a um melhor ambiente urbano. No entanto, o solo não pode ser gerido de forma eficiente sem a existência de um mercado fundiário dinâmico. Isto porque as operações do mercado fundiário têm um impacto significativo na capacidade das nações para realizarem os seus objectivos de desenvolvimento.

De acordo com Kironde (2000), o mercado fundiário é considerado como um quadro em que os que procuram terra e os que possuem ou controlam a terra são colocados em transação a fim de permitir o acesso à terra por parte dos que a procuram. O mercado fundiário fornece a base para melhorar a afetação dos recursos (Colin, & Ayouz, 2006). A afetação de terrenos numa zona urbana influencia os preços da habitação e também a forma espacial da cidade (Filatova *et al.,* 2009). O bom funcionamento do mercado fundiário urbano é essencial para o crescimento e o desenvolvimento dos centros urbanos (Gough & Yankson, 2000).

Ao nível da comunidade, do agregado familiar e do indivíduo, há uma série de factores que influenciam quem acede e controla os recursos da terra. Estes factores estão relacionados com a posição de negociação de cada um, que influencia o nível de sucesso ou insucesso na aquisição de terra. Os factores externos são as forças económicas e políticas mais amplas, a quantidade e a qualidade da terra disponível, bem como a economia e a cultura locais. Estes factores influenciam em grande medida os preços de mercado e a quantidade e qualidade das terras disponíveis. Os factores internos são os aspectos demográficos (como o sexo, a idade, a situação do agregado familiar e a linhagem), o estatuto económico e as redes sociais. Estes factores, juntamente com a cultura local, podem negar direitos a certos grupos, como as mulheres, e geralmente definem quem beneficiará e terá prioridade em termos de acesso à terra (Kironde, 2000).

Em muitas partes da África Subsariana, incluindo o Gana e o Wa em particular, a maioria das propriedades fundiárias baseia-se em formas consuetudinárias de posse que não estão escritas ou, na melhor das hipóteses, estão apenas informalmente registadas. Os direitos dos proprietários de terras dependem de acordos que estão integrados nas comunidades locais e que derivam das suas relações sociais com as famílias, clãs, linhagens e comunidades (Berry, 1993). O acesso à terra baseia-se geralmente na negociabilidade das regras e das relações (Juul & Lund, 2002). Estes acordos informais são responsáveis pelo acesso à terra na maior parte das zonas rurais, peri-urbanas e urbanas. Nestas zonas, os chefes, os chefes de família e os anciãos continuam a ser os gestores de terra *de facto*, atribuindo parcelas e gerindo "tribunais consuetudinários" para a resolução de disputas de terra e outras, mesmo quando existem sistemas legais (Crook, 2009: p. 131). Eles administram praticamente todas as terras nestas áreas, mesmo naquelas em que a procura de transacções de terras e de direitos de propriedade mais formais está a aumentar rapidamente (Deininger, 2003).

Declaração do problema

Desde o processo de modernização da agricultura rural, foram feitas várias tentativas para substituir ou modernizar a posse consuetudinária em África. Isto deve-se ao facto de ser uma receita para o subdesenvolvimento e, portanto, uma das principais causas dos elevados níveis de pobreza rural da região (Dorner, 1972). Por este motivo, foram envidados vários esforços para administrar as terras consuetudinárias sob a forma de instituições e estatutos. No entanto, a eficácia das instituições reguladoras e das leis como meio de gerir a posse consuetudinária ainda não se concretizou. Na maioria dos casos, tanto os mecanismos legais como os consuetudinários de acesso à terra e de administração da posse têm sido afectados por muitos problemas. No centro destes problemas estão: conflitos de propriedade da terra e disputas sobre os limites da terra que impedem o desenvolvimento; desenvolvimento casual e não regulamentado da terra em resultado de uma mudança na utilização da terra de agrícola para residencial e mineira; transacções ilegais e informais da terra; e ocupações ilegais da terra e a proliferação de povoações informais.

Por exemplo, no Gana, estima-se que, a partir de 2002, os casos que envolvem disputas sobre terras constituem 50% do total de casos apresentados nos tribunais a nível nacional (Crook, 2005). Todos os problemas acima referidos resultam em insegurança de posse. Embora alguns destes problemas ocorram em zonas rurais e urbanas, são mais pronunciados nas zonas periurbanas. Nestas zonas, a posse consuetudinária sofreu várias alterações em resposta aos elevados níveis de desenvolvimento da terra e às mudanças na utilização da terra. Nestas zonas, os direitos sobrepostos e múltiplos, que consistem em vários sistemas interligados de direitos individuais e comunitários, evoluem frequentemente à medida que os sistemas de posse consuetudinária se tentam adaptar às novas exigências (Pottier, 2005). Alguns destes direitos estão vinculados por leis consuetudinárias e outros por leis estatutárias (Larbi, 2006). Nessas zonas, existe uma grande incerteza em torno dos títulos e da posse. Em particular, as pessoas pobres e os grupos desfavorecidos nestas áreas vivem com medo de perder as suas terras. Tanto os sistemas consuetudinários como os legais para garantir os direitos e administrar a terra revelaram-se ineficazes nas zonas peri-urbanas.

Se, por um lado, a legislação fundiária imposta pelo colonialismo pouco tinha a ver com o direito e as práticas consuetudinárias, por outro lado, a maior parte dos sistemas consuetudinários regista uma série de problemas relacionados com a desigualdade, a falta de terra e a expulsão, sobretudo nos casos em que os mecanismos de responsabilização das instituições autóctones foram enfraquecidos (Alden & Hammond, 2001; IIED, 2006; Amanor, 2008; Ubink, 2008; Toulmin, 2009).

Apesar da adoção de políticas nacionais ad hoc de gestão e administração fundiária, ainda não se conseguiu uma gestão fundiária eficaz e eficiente no Gana, e no município de Wa em particular. É neste contexto que o investigador pretende examinar a gestão fundiária no município de Wa.

Objetivo geral

O principal objetivo deste estudo era examinar a gestão das terras no município de Wa, na região do Alto Oeste do Gana.

Objectivos específicos

Especificamente, o livro procurou

1. Identificar as partes interessadas relevantes na gestão das terras no município de Wa;
2. Examinar o papel das partes interessadas na gestão dos terrenos no município de Wa;
3. Examinar as estratégias em vigor para a gestão dos solos no município de Wa; e
4. Examinar os desafios que as partes interessadas encontram na gestão das terras.

Questões de investigação

1. Quem são as partes interessadas na gestão das terras no município de Wa?
2. Quais são os papéis das partes interessadas na gestão das terras no município de Wa?
3. Que estratégias existem para o ordenamento do território no município de Wa?
4. Que desafios enfrentam as partes interessadas na gestão das terras?

Significado do livro

O livro seria útil para planeadores ambientais e económicos, decisores políticos, organizações governamentais e não governamentais que desejem saber como é gerida a terra no município de Wa. O estudo ajudaria ainda a criar uma política eficaz de gestão de terras que promoveria o desenvolvimento sustentável.

Além disso, os resultados do estudo podem ajudar a identificar os desafios da gestão fundiária no município de Wa. As deficiências identificadas podem ser úteis para as partes interessadas que pretendam encontrar soluções para os problemas de gestão fundiária. Os resultados do estudo fornecerão orientações claras para a formulação de políticas no domínio do ordenamento do território. Este estudo será um acréscimo ao conhecimento existente sobre gestão de terras. Os resultados podem servir de base para outras investigações.

Delimitações do livro

Um livro desta natureza deveria ter assumido uma dimensão nacional, mas devido à insuficiência de recursos e de tempo, o estudo limitou-se ao município de Wa, na região do Alto Oeste do Gana, para garantir uma melhor cobertura e um trabalho eficaz. O estudo centra-se no ordenamento do território. Além disso, devido aos condicionalismos acima referidos, foi impossível ao investigador cobrir todas as variáveis de interesse numa escala mais alargada.

Limitações do livro

Ao escrever um livro desta natureza, o investigador deparou-se com certos factores limitadores que podem afetar a validade e a fiabilidade dos resultados do estudo. Um fator limitativo crucial foi a incapacidade do investigador de utilizar vários instrumentos para recolher dados variados dos inquiridos. A utilização de um questionário e de um guião de entrevista não era adequada, uma vez que esses instrumentos são susceptíveis de influenciar a motivação do sujeito (McMillan, 1996).

Além disso, devido ao facto de os inquiridos não se encontrarem num único local, o investigador teve de percorrer distâncias até aos vários locais para estabelecer relações e administrar os questionários e realizar as entrevistas.

Foram utilizados questionários para recolher dados de alguns inquiridos alfabetizados. O investigador deparou-se com problemas na recolha dos dados, porque alguns dos inquiridos não preencheram o questionário. Este facto afectou a validade e a fiabilidade dos resultados do estudo.

Também foram realizadas entrevistas com alguns dos inquiridos. Patton (2002) observou que os dados das entrevistas podem ter limitações que incluem respostas distorcidas devido a preconceitos pessoais, raiva, ansiedade, política e o estado emocional do entrevistado e do entrevistador no momento da entrevista. Os dados também podem estar sujeitos a recordações erróneas, reatividade do entrevistado e respostas em benefício próprio (Patton 2002, p. 306). A informação recolhida nas entrevistas foi limitada a alguns inquiridos. As perspectivas de outros inquiridos poderiam acrescentar maior profundidade à compreensão deste fenómeno complexo.

Organização do livro

Este livro está organizado em cinco capítulos. O primeiro capítulo trata da introdução, que abrange os antecedentes do estudo, o enunciado do problema, o objetivo do estudo, as questões de investigação, o significado do estudo, bem como as delimitações, as limitações e as organizações do estudo.

O segundo capítulo trata da revisão da literatura relacionada com o tema e fornece o quadro teórico e concetual e as provas empíricas para o estudo. A revisão da literatura examina numerosos estudos contraditórios relativos à gestão das terras. O capítulo considera as abordagens históricas à gestão de terras; investiga estudos de investigação seminais e resume as conclusões do trabalho de muitos investigadores e autores. O capítulo três descreve os procedimentos e métodos empregues no estudo. Os resultados do estudo são pormenorizados no Capítulo Quatro. O capítulo cinco contém as conclusões e implicações desta investigação, bem como recomendações e sugestões para investigação futura.

CAPÍTULO 2

REVISÃO DA LITERATURA RELACIONADA

Introdução

O principal objetivo deste capítulo é rever alguma literatura relacionada com o tema. A importância da revisão consiste em analisar o conjunto de conhecimentos sobre o assunto em estudo, o trabalho efectuado por outros em estudos semelhantes e, mais importante ainda, criar um contexto para a análise dos dados. A literatura de apoio ao estudo será revista tanto em estudos teóricos como empíricos.

Política fundiária no Gana

As tendências internacionais em matéria de política fundiária nos países em desenvolvimento tendem a sublinhar a importância de reconhecer e desenvolver os sistemas de posse consuetudinária, a fim de conseguir uma gestão equitativa da terra, no contexto da redução da pobreza (Toulmin & Quan, 2000; Whitehead & Tsikata, 2003; Banco Mundial, 2003; UE, 2004). No entanto, no Gana, tal como noutros países onde as transacções de terras se tornaram cada vez mais monetizadas nos últimos anos, em resultado da crescente escassez e do aumento do valor das terras, a equidade dos sistemas de posse consuetudinária está a ser posta em causa. Os novos desenvolvimentos e a mudança de valores da terra que eles criam resultam em tentativas de redefinir a propriedade e a posse da terra e na contestação dos direitos à terra. Estes processos têm concentrado cada vez mais o controlo dos benefícios económicos decorrentes da terra nas mãos dos chefes tradicionais, o que tem um efeito direto nos meios de subsistência das pessoas e cria grandes tensões em muitas localidades (Kasanga & Kotey, 2001).

O valor variável da terra consuetudinária também afectou os mecanismos de transferência de terra. A natureza da transferência de terras consuetudinárias pré-coloniais era tal que os acordos podiam ser feitos com base no pressuposto de que a subsistência e a segurança do grupo que concedia a terra não seriam afectadas (Pottier, 2005). No entanto, um grande número de estudos realizados em muitas partes da África Ocidental sugere que o aparecimento de novas formas de transação de terras, como a venda e o arrendamento, está a substituir as hipotecas, os arrendamentos, as doações e os arrendamentos consuetudinários (Mathieu *et al.,* 2003; Cotula & Toulmin, 2004). Estas novas formas de transação de terras desenvolveram-se entre colonos e indígenas, e depois entre colonos, mas não ou apenas marginalmente entre indígenas do mesmo grupo de proprietários de terras (Cotula & Toulmin, 2004). Os colonos estão também a celebrar contratos de arrendamento de curto e longo prazo com grupos de proprietários (Mathieu *et al.*, 2003).

Estas mudanças deram origem a novas práticas, incluindo contratos escritos, que substituíram as transacções orais (Cotula, 2007). As tendências na posse consuetudinária também revelam mudanças nas instituições de gestão de terras. Estas mudanças estão fortemente relacionadas com o 'poder sobre as pessoas', o 'poder sobre os recursos' e as estruturas sócio-políticas das instituições (Cotula, 2007: p. 36). Embora em alguns casos, por exemplo no Gana, as instituições consuetudinárias de posse de terra (CTI) tenham conseguido manter ou reforçar a sua capacidade de controlar a terra, noutras partes da África Subsariana as CTI estão a ser corroídas pela legislação. Nalguns casos, as instituições consuetudinárias competem com as instituições do governo central ou local pelo controlo da terra. Estas mudanças institucionais estão a prejudicar a mobilização e a utilização eficazes dos princípios indígenas na gestão de conflitos (Fred-Mensah, 1999).

Os desenvolvimentos acima descritos sugerem que as mudanças nos sistemas de posse consuetudinária estão a ser influenciadas pelas alterações demográficas, pela comercialização, pela urbanização e pelo desenvolvimento da terra, bem como pelas mudanças sociais e económicas. Além disso, as guerras, as conquistas, as conversões religiosas, as políticas estatais e as mudanças tecnológicas têm, historicamente, tendência para influenciar essas mudanças. Cotula (2007) observou que os conflitos e a epidemia de VIH/SIDA afectaram muitas formas de relação de posse em África. De acordo com Cotula (2007), a epidemia de VIH/SIDA teve um grande impacto na utilização da terra e pode ter implicações importantes para os direitos fundiários, incluindo uma mudança nas práticas consuetudinárias. A epidemia pode levar à perda de terras devido à venda forçada de terras por famílias pobres, que podem ser forçadas a vender as suas terras para pagar os cuidados médicos e os funerais. Exemplos do Quénia, do Lesoto e da África do Sul indicam também que as viúvas criadas pela epidemia são frequentemente privadas do acesso às terras dos seus maridos (Drimie, 2002; Cotula, 2007).

Para além disso, os conflitos armados podem perturbar os sistemas de posse locais e, assim, contribuir para mudanças nas regras e instituições consuetudinárias (Cotula, 2007). Por exemplo, no Burkina Faso, o regresso em grande escala de migrantes da Costa do Marfim, devastada pela guerra, aumentou a pressão sobre a terra e contribuiu para a crescente monetização das relações fundiárias (Cotula, 2007). A flexibilidade e fluidez dos regulamentos e instituições consuetudinárias é um fator adicional subjacente às mudanças observadas nos sistemas de posse (Delville, Ouedraogo *et al.,* 2002). O direito consuetudinário permite que as pessoas se reintegrem e renegociem, sendo assim capaz de acomodar diferentes perspectivas e interesses. Juul e Lund (2002) argumentam que a fluidez não resulta apenas da natureza do sistema consuetudinário, mas também da interação entre os sistemas consuetudinários e as outras instituições, especialmente em sistemas jurídicos pluralistas. Os sistemas consuetudinários de propriedade têm demonstrado um notável poder de reação à mudança, devido ao facto de as regras e instituições de propriedade poderem permanecer adaptáveis e flexíveis em diferentes condições. No entanto, embora sejam reactivos, os sistemas consuetudinários de posse são frequentemente incapazes de enfrentar os desafios modernos.

A flexibilidade das regras consuetudinárias cria espaço para a manipulação e a promoção de interesses individuais (Ubink & Quan, 2008). Nas zonas periurbanas, podem ser observados muitos tipos de problemas de insegurança da posse, como a perda de terras agrícolas e de direitos de usufruto, despejos forçados e privação de direitos quando o casamento transcultural entre famílias "matriarcais" e "patriarcais" deixa os filhos sem direitos de herança (Mathieu *et al.,* 2003; Mahama & Dixon, 2006; Ubink, 2007).

Gestão das terras no Gana

No Gana, a política governamental tem procurado regular a gestão consuetudinária da terra pelos chefes ao longo do tempo, com especial ênfase no Projeto de Administração de Terras (LAP) do Gana, um programa a longo prazo com apoio de vários doadores, que teve início em 2003 com o objetivo de "desenvolver um sistema de administração de terras sustentável e funcional que seja justo, eficiente, rentável, descentralizado e que aumente a segurança da posse da terra" (Ministério das Terras e Florestas, 2003, p. 12). Uma questão-chave abordada pelo documento é se o Estado, através da abordagem adoptada no âmbito do PAL, é ou não capaz de regular a gestão consuetudinária da terra de uma forma que contribua para os objectivos declarados de justiça e segurança da posse da terra.

As transacções de terras no Gana realizam-se cada vez mais através de acordos locais de pouco valor jurídico, o que aponta para a necessidade de incorporar os sistemas consuetudinários de documentação num sistema de administração de terras mais amplo e inclusivo. No âmbito do Plano de Ação Local, o plano a médio e longo prazo prevê que o governo se liberte da responsabilidade pela gestão das terras de cultivo. Isto deve ser feito gradualmente, com base na satisfação de determinados critérios, incluindo a criação de Sistemas de Terras Consuetudinárias (CLSs) com estruturas de governação apropriadas para garantir a participação institucionalizada a nível da comunidade e a responsabilização na utilização das terras de tamboretes e das receitas que estas geram.

A transferência da responsabilidade pela gestão das terras dos sistemas de administração fundiária para os CLSs no PAL reflecte os problemas de garantir a segurança da posse no Gana através de mecanismos legais, mas está também muito em linha com a ênfase política renovada na importância de reconhecer e desenvolver os sistemas de posse consuetudinários. Esta tendência política está, no entanto, sujeita a críticas, porque os direitos consuetudinários à terra são o resultado de negociações, lutas, disputas e acordos implícitos, integrados em relações sociais de família, parentesco e comunidade. Estas relações sociais são também inerentemente desiguais, envolvendo relações de poder entre os utilizadores comuns da terra e as autoridades consuetudinárias, cujos poderes e oportunidades para redefinir a "lei" consuetudinária no seu próprio interesse podem aumentar em resultado da formalização dos sistemas e instituições de posse consuetudinária sobre os quais exercem influência e controlo significativos (Shipton & Goheen, 1992; Bassett, 1993; Berry, 1993).

Como já foi referido, o fenómeno das elites locais que utilizam o seu poder para captar o valor das terras consuetudinárias foi identificado em vários países africanos (Rose, 1992; Lavigne, 2000; Juul & Lund, 2002). Além disso, no Gana, as autoridades consuetudinárias não gerem frequentemente as terras no interesse dos detentores de direitos consuetudinários, devido às oportunidades de gerar receitas com as vendas e transacções de terras. Estas circunstâncias não conduzem necessariamente a uma desqualificação total das tentativas dos LAP de transferir a responsabilidade pela gestão das terras dos stool para os CLS a nível local. Mas, ao contrário de Whitehead e Tsikata (2003) que criticam estas tentativas e defendem a substituição da gestão consuetudinária da terra por sistemas mais democráticos de administração da terra sob o controlo das autoridades distritais, eles mostram que os objectivos gémeos da LAP de maior certeza para os utilizadores comuns da terra e ganhos de eficiência e justiça no mercado fundiário só ocorrerão se o CLS como instituição for concebido de forma a promover os direitos fundiários dos pequenos proprietários.

No entanto, desde o início do PAL, o governo optou claramente pela escolha política de que os CLSs deveriam ficar sob a égide das autoridades tradicionais, em vez de optar por abordagens mais comunitárias para a gestão das terras consuetudinárias. Ao colocar as CLSs sob a égide dos chefes, o PAL ignora o facto de a noção de poderes e direitos "consuetudinários" dos chefes estar carregada de invenções políticas e apoia os papéis atribuídos aos chefes na administração das terras no período colonial, como se se tratasse de um princípio intemporal da posse consuetudinária (Amanor, 2005, pp. 110-111). Esta abordagem, que não era necessariamente a intenção dos doadores, revela uma interpretação muito distorcida da tendência para reconhecer e desenvolver os sistemas de posse consuetudinária, e aumenta os riscos acima referidos de captura pelas elites de receitas crescentes da terra em detrimento dos utilizadores comuns da terra. Estas questões exigem uma análise mais aprofundada da conceção e do funcionamento dos CLS.

Propriedade de terrenos

No Gana, existem vários graus de sistemas de posse de terra. Os mais importantes são os títulos de propriedade/privados, os sistemas comunais/tradicionais, as terras públicas e a ocupação. Além disso, várias dimensões sociais, como a classe, o género, a religião e a etnia, afectam o acesso e a propriedade da terra. Kagwanji (2009) afirma que, em toda a África Oriental, especificamente no Quénia, Uganda, Tanzânia e Ruanda, a questão da utilização e da propriedade e do acesso a terras cada vez mais escassas e a recursos conexos tem estado no centro de conflitos entre grupos étnicos.

A propriedade e o controlo da terra e dos recursos relacionados estão frequentemente associados à influência na tomada de decisões e ao poder de afetar os resultados. Hutchison *et al.* (1991, citado em Rugege *et al.* 2007:27) ilustram que a propriedade, como todos os direitos reais, consiste principalmente numa relação entre um sujeito jurídico e uma coisa ou objeto jurídico, abrangendo o controlo completo e absoluto sobre a coisa em questão, bem como possíveis direitos e capacidades sobre ela. Afirmam ainda que a posse da terra é um fator-chave em qualquer economia, uma vez que confere direitos de propriedade e define o acesso e o controlo dos bens fundiários, incluindo os recursos naturais existentes na terra ou sobre ela. Além disso, confere direitos em relação à forma como as pessoas possuem, ocupam, gerem e transaccionam a terra. Isto também implica decisões relativas ao desenvolvimento residencial e empresarial, à produção agrícola e à extração mineira, bem como à utilização de outros recursos naturais.

Basicamente, existem duas categorias de propriedade de terras: estatal e privada. Nos casos em que a propriedade da terra pertence ao Estado, a terra é gerida por agências estatais. Em contrapartida, na maior parte do país, as terras privadas são propriedade comunal, detidas a título fiduciário por comunidades ou grupos sob a forma de bancos, peles ou famílias. As terras privadas/comunais representam cerca de 80% das terras do Gana, enquanto o Estado possui cerca de 20% (Antwi & Adams, 2003).

A Administração de Terras (LA) no Gana funciona num ambiente plural, com estatutos e leis consuetudinárias, instituições públicas e autóctones, valores tradicionais e normas empresariais que operam lado a lado. A administração das terras consuetudinárias é regida por disposições institucionais consuetudinárias e legais que funcionam em paralelo. Nestas zonas, o acesso às terras consuetudinárias só pode ser obtido através de disposições institucionais consuetudinárias. Estas, por sua vez, são regidas por regras (leis consuetudinárias) que determinam quem pode utilizar a terra e em que condições. Estas regras são aplicadas pelas autoridades ou instituições que devem a sua legitimidade às práticas tradicionais. Estas instituições podem existir como organismos autónomos ou como organismos organizados em estruturas hierárquicas, chefiadas por 'chefes supremos' e dirigidas por diferentes níveis de subchefes e comités, dependendo das disposições de posse da área (Cotula, 2007).

A instituição de posse consuetudinária é utilizada para descrever um sistema de autoridade indígena que é responsável pela gestão das terras consuetudinárias. Estas instituições são constituídas por chefes, conselhos de anciãos, tribunais indígenas e comités de direção que são responsáveis por regular o acesso à terra, gerir conflitos, garantir a segurança dos membros da comunidade, regular as povoações e manter os registos fundiários. Nos sistemas estatutários, várias leis regulam a administração da terra através do registo, levantamento e cartografia e planeamento da utilização da terra, e melhoram a gestão global da terra consuetudinária (Ubink, 2008).

A crescente monetização e individualização dos direitos consuetudinários à terra, e a alteração dos valores da terra, resultaram em várias tentativas de redefinir a propriedade e a posse da terra (Aryeetey, Ayee *et al.,* 2007). Isto, por sua vez, resultou na contestação dos direitos à terra por parte dos membros da comunidade e das autoridades tradicionais (Aryeetey, Ayee *et al.,* 2007; Ubink, 2008b). A situação pode ser explicada pelo facto de, durante a transformação rural-urbana, a terra consuetudinária se tornar um bem económico e não um recurso coletivo (Mends & De Meijere, 2006). Alguns chefes aproveitam-se do aumento do valor das terras vendendo-as sem obterem previamente a aprovação dos membros da comunidade e interpretando as leis consuetudinárias em seu benefício (Ubink, 2007). A responsabilidade e a transparência são particularmente afectadas, porque os chefes tentam tornar as transacções de terras tão privadas quanto possível (Berry, 2002; Aryeetey, Ayee *et al.,* 2007; Ubink & Quan 2008; Toulmin, 2009).

Partes interessadas no ordenamento do território

As estruturas fundiárias consuetudinárias são caracterizadas por vários direitos individuais e comunitários interligados associados à propriedade, ao controlo e à utilização da terra (Toulmin & Quan, 2000; Pottier, 2005; Larbi, 2006). Estes conglomerados de direitos podem ser muito complexos, particularmente nas zonas periurbanas dos países em desenvolvimento, onde a posse consuetudinária pode sofrer várias transformações em resposta aos elevados níveis de desenvolvimento da terra e às mudanças na utilização da terra. A complexidade da posse está relacionada com a evolução das necessidades dos vários intervenientes nas áreas de terras consuetudinárias. As necessidades das partes interessadas podem variar ao longo do tempo, consoante os valores atribuídos à terra consuetudinária. Embora a terra possa ser necessária como um recurso comunitário, tanto em termos do seu significado sociocultural como para a subsistência do grupo, os membros do grupo precisam de direitos individuais a parcelas para agricultura ou construção, que podem ser usados como incentivos económicos. Simultaneamente, a terra pode ser necessária para equipamentos públicos e sociais, bem como para outras utilizações que beneficiem a sociedade em geral.

O registo destes múltiplos direitos e a conceção de Sistemas de Administração Fundiária (SAF) suficientemente flexíveis para fornecer um vasto conjunto de soluções para as necessidades específicas de diferentes partes interessadas em momentos diferentes, especialmente em áreas peri-urbanas em rápido crescimento, revelou-se complexo e tornou-se uma questão espinhosa entre os peritos em AL. A diversidade de necessidades exige uma gama diversificada de respostas. Por outras palavras, como as várias categorias de intervenientes nas zonas consuetudinárias periurbanas são diferentes, o mesmo acontece com as suas necessidades relativamente às opções de posse. Nos sistemas consuetudinários de posse, existem mecanismos internos que garantem a boa governação segundo os padrões da sociedade tradicional. Estes mecanismos asseguram a participação da comunidade na tomada de decisões, a distribuição equitativa dos recursos comunitários e a responsabilização.

Na África Subsariana, há ainda outro grupo de partes interessadas que devem ser consideradas. Em termos de reivindicações de terras, um aspeto altamente controverso é o futuro das áreas de conservação natural. Chellan e Khan (2008) ilustram que a conservação da vida selvagem em África tem frequentemente competido com as comunidades indígenas rurais pela terra, água e florestas. Em muitos casos, as comunidades foram retiradas à força das áreas para dar lugar a áreas de conservação. Muitas reivindicações são sobre reservas naturais ou parques de caça onde já ocorreram invasões de terras, muitas vezes associadas à violência. Os conflitos ambientais e sociais surgiram frequentemente ou foram agravados pelo ritmo lento da restituição e redistribuição de terras.

Outro aspeto que é importante considerar é o direito das mulheres à terra e a violência. Na maioria dos sistemas tradicionais, a terra não é atribuída às mulheres, mas sim aos homens. Cross e Friedman (1997) afirmam que a natureza de género das relações de terra conduz, em alguns casos, à violência contra as mulheres. Apresentam um exemplo ilustrativo de um estudo realizado pelo Border Rural Committee na África do Sul para mostrar como a violência induzida pela terra tem implicações de género. Carton (2000) adverte que estas formas de abuso de género não devem ser ignoradas como uma área de conflito potencialmente perigosa e imprevista. Na investigação levada a cabo pelo autor em KwaZulu-Natal, surgiu um exemplo revelador que ilustra a natureza de género dos conflitos de terra durante o período colonial. Uma mulher entrevistada recordou que, no sistema *amakhosi* (chefia), quando um marido morria, os homens da comunidade ficavam com o campo da viúva. Quando ela foi ter com o *induna* (chefe) para resolver a disputa, ele não fez nada. Os membros da sua família de outra comunidade vieram desafiar os homens e a violência irrompeu (Bob *et al.,* 2008).

O papel das partes interessadas na gestão dos solos

A questão do papel do governo local e das autoridades tradicionais em relação ao controlo e uso da terra nas comunidades rurais é altamente contestada (Deininger & Castagnini, 2006; Mkhabela, 2006). Deininger e Castagnini (2006) afirmaram que 'em grande parte de África, as instituições formais para a administração da terra foram muitas vezes sobrepostas às estruturas tradicionais sem uma delineação clara das responsabilidades e competências, o que implica que tendem a carecer tanto de alcance como de legitimidade social' (p. 324). Existe particularmente incerteza e falta de clareza sobre o papel das autoridades tradicionais nos programas de reforma agrária.

Especificamente, o papel dos líderes tradicionais em relação à administração e controlo das terras comunais tem sido questionado. Por exemplo, Peters (2004) indica que, na África Subsariana, a imagem de sistemas consuetudinários negociáveis e adaptáveis de propriedade e utilização da terra é imperfeita; em vez disso, as exclusões, o aprofundamento das divisões sociais e a formação de classes estão a intensificar os conflitos fundiários. No caso da África do Sul, há uma contestação entre as instituições tradicionais e as estruturas de governo local democraticamente eleitas para a atribuição e gestão de terras. Nalguns casos, esta situação deu origem a conflitos em certas localidades, desestabilizando as comunidades e impedindo as perspectivas de paz e desenvolvimento.

A natureza comunitária da posse de terra consuetudinária é um desincentivo à iniciativa individual e obstrui o desenvolvimento económico (Kwadwo, 2006). Existe a noção de que o sistema tradicional de propriedade fundiária não permite a propriedade individual da terra, o que não incentiva os indivíduos a investir em actividades baseadas na terra (Abdulai & Ndekugri, 2007). Na opinião de Oduro (2000), a propriedade fundiária consuetudinária restringe as oportunidades de obter e alienar direitos fundiários. Esta transação tradicional e informal da terra conduziu ao aumento dos preços da terra, à falta de controlo sobre as transacções de terra e limitou as utilizações da terra (Smith, 2007). A propriedade comunal da terra, neste sentido, tem, portanto, limitado o desenvolvimento do mercado fundiário ganês. É em parte com base na perceção das ineficiências da propriedade fundiária tradicional que se tem apelado no país à reforma fundiária, incluindo a nacionalização da terra (Abdulai & Ndekugri, 2007).

Mais uma vez, argumenta-se que o Estado será capaz de distribuir eficazmente as terras comunais aos indivíduos para desenvolvimento. Além disso, muitos dos defeitos do sector fundiário consuetudinário poderiam ser sanados através do mecanismo de intervenção do Estado para assegurar uma distribuição de terras eficaz e significativa (Kwadwo, 2006). Mas Antwi (2002) observa que o mercado informal de terras obedece às leis económicas fundamentais da oferta e da procura e que as afirmações de que é responsável por preços elevados, crescentes e arbitrários das terras são infundadas. De facto, as transacções informais de terras reflectem as condições de procura e oferta de terras num determinado local, mas podem ser imperfeitas.

Bruce (1993) salienta que, quando a terra adquiriu valor, o direito indígena reconheceu gradualmente a venda de terras. Este facto conduziu a uma grande procura de terras e às suas consequências negativas. Além disso, o sistema tradicional de propriedade fundiária que funciona no município de Wa reconhece e defende a propriedade individual da terra. Isto significa que os proprietários tradicionais respeitam o direito dos cessionários sobre as terras que lhes são atribuídas (Abdulai & Ndekugri, 2007).

Gyekye (1998), por seu lado, observa que a estrutura de propriedade fundiária comunal é um sistema de direito de propriedade privada, na medida em que permite que os membros individuais da comunidade tenham um interesse na mesma e recebam todos os rendimentos da terra que lhes foi atribuída. Por isso, a maioria dos líderes tradicionais quer ter o controlo total e completo de todas as terras da sua localidade sem qualquer interferência do governo central. Kasanga (2008) apoiou este ponto de vista e concluiu que, apesar de a terra ser detida pela comunidade, as famílias e os indivíduos controlam efetivamente as decisões e os investimentos relativos à utilização da terra. Na prática, o título alodial da comunidade é extinto quando surge um título de usufruto numa parcela de terra e o interesse da comunidade se torna menos substancial.

Estratégias de gestão dos solos no município de Wa

Apesar da diversidade das relações de posse, uma análise da literatura indica que os sistemas consuetudinários de posse são regidos por vários princípios comuns. O direito de dispor da terra consuetudinária está nas mãos de grupos de parentesco ou políticos (Kalabamu, 2000; Nkwae, 2006). Estes grupos políticos, que podem assumir a forma de propriedades, famílias, aldeias, chefias, sociedades étnicas ou outros grupos ou redes, exercem controlo sobre a utilização da terra. Os grupos consideram-se administradores da terra para as gerações futuras, em vez de proprietários, com base no facto de a terra lhes ter sido dada pelos seus antepassados e pelos deuses da terra (Pottier, 2005, Ollenu, 1962). Este sistema tradicional orienta o modo de vida das pessoas e constitui a própria essência das suas práticas de posse da terra.

A utilização da terra diz respeito aos vivos e aos mortos. O papel do homem é o de administrador e, por conseguinte, deve preservar a terra para as gerações futuras (Ollenu, 1962). Por conseguinte, a terra é sobretudo concebida como um recurso ilimitado a utilizar e não como uma mercadoria a medir, traçar, subdividir, arrendar, penhorar ou vender (Pottier, 2005). Estas concepções religiosas, políticas e sociais da terra estão entrelaçadas com as práticas de utilização da terra, tornando difícil separar a posse da cultura das pessoas.

Teoricamente, os sistemas de posse consuetudinária assentam em dois princípios básicos (Pottier, 2005). Em primeiro lugar, todos os indígenas, em virtude da sua pertença ao grupo, têm acesso à terra. Este princípio, que Biesele *et al.* (1991) designa por direito de dispor, é uma caraterística essencial dos vários tipos de sistemas de posse consuetudinários. O direito de dispor, que também é referido como 'direitos gerais baseados na cidadania', é uniformemente aplicado a todos e automaticamente partilhado por todas as pessoas que pertencem a uma determinada comunidade, tribo ou clã. Todos os direitos individuais ou comuns são deduzidos do direito de uso. O segundo princípio, que é descrito como "provavelmente igualmente antigo" (Pottier, 2005: p. 58), é o reconhecimento do direito de um indivíduo a tudo o que ele ou ela criou na terra, quer se trate de uma propriedade ou de um campo. Este direito pode ser herdado de acordo com as regras regulares que regem a herança da propriedade privada. Estes direitos sobre as terras melhoradas podem, assim, tornar-se direitos particulares de um indivíduo e podem ser transferidos para outro durante a vida do titular do direito.

Em geral, as famílias gozam de direitos de uso espacial e temporal bastante bem definidos sobre parcelas de terra cultivada, que são depois transmitidos às gerações seguintes de acordo com as regras de sucessão prevalecentes, geralmente através de herança (Migot-Adholla & Bruce, 1994). De forma semelhante, cada membro do grupo tem direito a um pedaço de terra para seu próprio uso. Estes direitos de utilização, frequentemente designados por direitos de usufruto (Meek, 1968), são direitos vitalícios para os membros do grupo. Estes direitos são transmissíveis por herança, mas não por venda. Os membros não indígenas, como os migrantes, também podem receber um pedaço de terra, desde que haja terra livre disponível e que o destinatário respeite as tradições e os costumes da comunidade.

Os direitos na terra consuetudinária existem como direitos de posse complexos e interligados que consistem em direitos individuais e colectivos (Pottier, 2005), geralmente referidos como um "pacote de direitos". Estes direitos sobrepostos e múltiplos incluem "direitos operacionais" (o direito de aceder à terra, de a cultivar, de retirar produtos, etc.) e "direitos de gestão" (o direito de atribuir e transferir terra) (Cotula, 2007: p. 66). Assim, para um determinado pedaço de terra, a posse consuetudinária pode permitir a utilização de múltiplos recursos, incluindo a agricultura, a pesca, a caça, o pastoreio, a recolha de cogumelos, a construção, etc. Estes direitos de utilização podem existir em simultâneo ou podem suceder-se em diferentes épocas, de acordo com os acordos. Logicamente, estes direitos não podem ser reconhecidos a menos que se reconheça simultaneamente a existência dos regimes consuetudinários que os sustentam (Alden, 2008). Por conseguinte, quer sejam individuais ou partilhados, os interesses e/ou direitos consuetudinários adquirem a sua existência e legitimidade através do apoio de um grupo ou de uma comunidade (Agbosu, 2000).

Nos sistemas de posse consuetudinários, o controlo da terra baseia-se no direito consuetudinário. O direito consuetudinário é um conjunto de regras geralmente não escritas, com uma legitimidade que se baseia na 'tradição' (Cotula, 2007). Estas regras baseiam-se em construções sociais, desenvolvidas ao longo do tempo para acomodar o modo de vida de um determinado grupo de pessoas e a interpretação do seu ambiente físico (Kalabamu, 2000). Em geral, o direito consuetudinário define a forma como os direitos à terra devem ser atribuídos nas sociedades; como é concedido o acesso aos direitos de utilização, controlo e transferência de terras, bem como as responsabilidades e restrições associadas. Estas regras também regulam questões como o casamento, o divórcio, a herança e a pertença a grupos de parentesco e linhagens (Joireman, 2008). Sendo tradicionais e socialmente construídas, os elementos essenciais das regras consuetudinárias são transmitidos oralmente, através de exemplos ou sob a forma de prática, de geração em geração (Kalabamu, 2000). O conteúdo do direito consuetudinário é extremamente diversificado e varia consoante as comunidades. Além disso, as regras consuetudinárias não são estáticas, mas evoluem continuamente em resposta a diversos factores, incluindo a interação cultural, a pressão populacional, a mudança socioeconómica e os processos políticos (Cotula, 2007).

As regras de acesso e de utilização das terras consuetudinárias são implementadas e reguladas por autoridades ou instituições consuetudinárias, cuja legitimidade deriva "tanto da anterioridade da presença (os fundadores, ou aqueles que se definem como tal) como do reconhecimento da "aliança mágico-religiosa" que formaram com os génios locais, por um lado, e com as forças políticas, por outro" (Cotula, 2007: p. 36). Estas instituições são geralmente compostas por um chefe ou sacerdotes que servem as divindades da terra e da terra. Estes sacerdotes da terra, chefes tribais ou chefes de clãs exercem a tutela da terra em nome do grupo. Por conseguinte, é-lhes confiada a gestão da terra no seu território e a tomada de decisões sobre a terra atribuída aos membros da comunidade. As instituições de posse consuetudinária regulam o acesso à terra e aos recursos, gerindo assim a tensão 'entre a segurança da terra como bem individual' e 'a segurança da terra como bem comum' (Cotula, 2007: p. 37). Concedem acesso aos recursos a determinados intervenientes e podem proteger os recursos proibindo determinadas práticas de utilização da terra (Cotula, 2007).

Como todos os sistemas comunais formalmente reconhecidos, o sistema de governação da posse consuetudinária está normalmente aninhado numa série de unidades de governação, que complementam as competências organizacionais e os conhecimentos das pessoas envolvidas na tomada de decisões nas unidades mais pequenas (Johnson, 1972). Estas instituições de governação indígenas podem existir como organismos autónomos ou como organismos organizados numa estrutura hierárquica que é chefiada por 'chefes supremos' e gerida por diferentes níveis de subchefes e comités, dependendo das disposições de posse na área em questão (Cotula, 2007).

Desafios da gestão dos solos no município de Wa

Um sistema de posse consuetudinário estável é uma fonte de segurança social e de continuidade. Em geral, em grupos bem definidos e socialmente coesos, os direitos individuais à terra provaram ser seguros, duradouros e, na maioria dos casos, herdáveis e transferíveis (Deininger, 2003). Pelo menos quando a terra é abundante, os agricultores não têm necessidade de "possuir" terra, no sentido ocidental. A utilização contínua e incontestada da terra pelos indivíduos e o reconhecimento dos direitos individuais à terra pelo grupo significam que os povos indígenas nestes sistemas não enfrentam o problema da insegurança da posse. Do mesmo modo, o acesso à terra e a segurança estão potencialmente garantidos para aqueles que não pertencem ao grupo. A segurança da posse não está apenas relacionada com a utilização da terra, mas também com a transferência e o investimento na terra (Kasanga, 1999). Esta segurança é garantida tanto para aqueles que herdam como para aqueles que compram terra. Os membros do grupo podem investir na terra ou celebrar contratos com não membros. Estas formas flexíveis de posse têm a vantagem de ajudar as pessoas que não têm meios para investir na terra a beneficiarem indiretamente da terra.

No entanto, na sequência de muitas políticas da era colonial que discriminavam a posse consuetudinária, particularmente na África Subsariana, uma grande parte da população que depende dos sistemas de posse consuetudinária enfrenta as consequências de ficar fora do âmbito das transacções formais de terras e do acesso ao crédito (Deininger, 2003). Os proprietários de terras têm dificuldade em aceder ao crédito de instituições financeiras ou de crédito, porque lhes é exigido que apresentem documentos válidos para provar os seus direitos de ocupação da terra (Durand-Lasserve, 2006). Este facto, por sua vez, desencoraja as pessoas de fazerem os investimentos necessários para o desenvolvimento das zonas agrícolas.

Na era pré-colonial, os sistemas de posse consuetudinária baseavam-se em observações e práticas contínuas. Nestes sistemas, os limites das parcelas de terra eram normalmente identificados com marcos não permanentes, tais como ribeiros, arbustos e árvores. Além disso, as transacções em terras consuetudinárias não eram registadas por escrito, mas antes legitimadas e aprovadas publicamente em reuniões cerimoniais públicas (Agbosu, 2000). A utilização destes indicadores de limites não permanentes, alguns dos quais são difíceis de rastrear ao longo do tempo, e a ausência de dados básicos relativos às transacções, conduziram, no entanto, a muitos problemas relacionados com a terra, incluindo disputas de terra e litígios (Kasanga, 1999; Deininger, 2003). Isto pode não ser verdade para as áreas que têm reconhecimento legal da posse consuetudinária.

Em muitas zonas consuetudinárias, a resolução consuetudinária de conflitos de terras provou ser uma resposta eficaz a estes problemas (Kasanga & Kotey, 2001). A resolução de conflitos fundiários consuetudinários baseia-se geralmente na criação de consensos, na mediação e na arbitragem. A existência de um ambiente flexível, informal e confidencial é essencial para manter a paz no seio das comunidades consuetudinárias (Paterson, 2001), diminuir ou evitar litígios e reduzir os custos. De um modo geral, as decisões relativas a conflitos resolvidos através de procedimentos consuetudinários vinculam as partes, embora essas decisões possam ser objeto de recurso em tribunais consuetudinários superiores.

A isto acresce o facto de este sector ter um mau hábito de manutenção de registos, o que faz com que as vendas múltiplas de terrenos abundem no mercado fundiário. A indisciplina e a insegurança no mercado fundiário urbano são enormes. Não é raro que os compradores de terrenos se vejam envolvidos em litígios fundiários (Gough & Yankson, 2000). A incerteza em determinar o verdadeiro proprietário de uma determinada parcela de terreno, a venda de terrenos sem escrúpulos, o atraso na entrega de infra-estruturas, a indisciplina dos agentes fundiários e a corrupção conduziram a um mercado fundiário urbano ineficaz e distorcido no Gana (Center for Democratic Development [CDD], 2000). A atribuição múltipla de terrenos, os litígios entre os proprietários consuetudinários e o governo, a ausência de documentos registados e a indisponibilidade de uma base de dados fiável sobre os proprietários de terrenos são os principais problemas com que se confronta o mercado de terrenos urbanos (Antwi, 2002). Os compradores de terrenos nos centros urbanos do Gana estão expostos a um enorme risco de litígio prolongado ou de perda de fundos, uma vez que os vendedores podem ser incapazes de transferir um título legal adequado para os compradores.

Mais uma vez, Rugege *et al.* (2007) afirmam que os principais problemas enfrentados pela gestão de terras no âmbito dos sistemas tradicionais em África são a corrupção, a contradição entre os sistemas tradicionais e a modernidade, a venda ou o controlo de terras para lucro e benefícios pessoais e as práticas discriminatórias. Indicam que estas últimas incluem a discriminação contra as mulheres e uma evolução para práticas comerciais e de acumulação. Mais ainda, nas zonas onde se pratica a herança patrilinear, as mulheres não tiveram acesso à posse de terras por direito próprio (Dowuona-Hammond, 2003; Kotey & Yeboah, 2003; Obioha, 2008), um fenómeno que impede os membros legítimos do grupo de acederem à terra. Para além disso, a agricultura comercial resulta na emergência de uma nova classe que é encorajada a acumular riqueza e terra. Isto, segundo Rugege *et al.* (2007), pode muitas vezes resultar num aumento do número de sem-terra, uma vez que os segmentos mais ricos de agricultores compram aqueles que já não conseguem manter a produção e a sobrevivência devido à concorrência.

CAPÍTULO 3

METODOLOGIA

Este capítulo descreve os métodos utilizados na conceção e realização do estudo. Especificamente, descreve a conceção da investigação, a população, a amostra e os procedimentos de amostragem, os instrumentos de investigação, os procedimentos de recolha de dados e os métodos utilizados na análise dos dados. Em primeiro lugar, é analisada a área de estudo da investigação.

Área de estudo

O município de Wa é uma das nove assembleias municipais que compõem a região do Alto Oeste do Gana. Os povos indígenas do município são os Wala e os Dagaba. A terra no município de Wa é propriedade dos "tindana" ou famílias ("tindana" significa proprietário da terra; o plural é "tindamba"). Os "tindamba" são os proprietários alodiais (detêm a terra em nome do povo), distribuem a terra, são os sacerdotes da terra e resolvem os litígios entre os membros da "tindana". Todas as terras virgens devolutas são atribuídas aos "tindana". O município partilha fronteiras administrativas com o distrito de Nadowli a norte, o distrito de Wa East a leste e o distrito de Wa West a oeste. O município situa-se entre as latitudes 9°50' N e 10°20' N e entre as longitudes 9°40' W e 10°15' W. Tem uma área de aproximadamente 234,74 km2, cerca de 6,4% da área da região do Alto Oeste.

O clima de Wa é composto por uma longa estação seca e uma curta estação das chuvas. A estação seca decorre normalmente de novembro a abril, enquanto nos restantes meses se verifica a estação das chuvas, com o seu pico em agosto e setembro. A estação seca regista temperaturas elevadas que variam entre 35 e 40°C nos meses de março e abril. A precipitação total anual na área varia entre 910 e 2000 mm com uma humidade média de 95 mm.

O coberto vegetal da zona é uma floresta de savana da Guiné, constituída por gramíneas e espécies arbóreas como *Butylosternum Paradoxum* (árvore de Karité), *Parkia biglolosa* (Dawadawa), *Adansonia Digitata* (baobá), *Anarcadium occidentale* (caju), *Acácia,* Ébano, Neem e Manga, entre outras. A vegetação desta zona de vegetação muda muito durante as diferentes estações do ano. A vegetação nesta área é, portanto, aberta e dominada por gramíneas curtas. Na estação húmida, a área parece verde e na estação seca, a erva seca e a maioria das árvores perdem as suas folhas e são propensas a incêndios florestais. As actividades humanas, tais como a recolha de lenha, a queima de carvão, a agricultura, a exploração de pedreiras, a construção, etc., estão todas combinadas para modificar o ambiente natural.

O Município situa-se nas planícies da Savana, que, em geral, são onduladas, com uma altura média entre 160 e 300 m acima do nível do mar, e tem dois sistemas de drenagem principais, o Sing-Bakpong e os seus afluentes a Sul e o Billi e os seus afluentes a Norte. Os cursos de água secam durante a longa estação seca, reduzindo assim a água disponível para os utilizadores agrícolas, domésticos, industriais e da construção civil. Atualmente, a população de Wa é de aproximadamente 127 284 habitantes (Censo da População e Habitação, 2010). Isto constitui uma alteração de 1,6% em relação à população estimada para 2006 e dá uma densidade populacional de 542 pessoas/km2 em comparação com 509 em 2006.

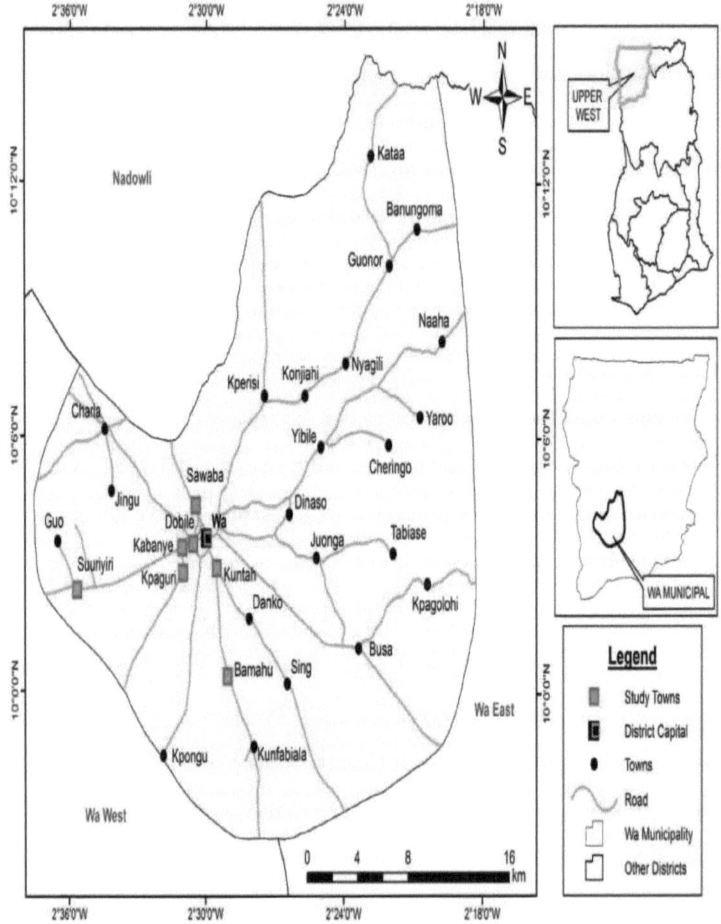

Figura 1: Mapa do município de Wa

Fonte: Departamento de Geografia e Planeamento Regional, UCC (2013).

Conceção da investigação

O projeto de investigação utilizado para o estudo foi o estudo de caso. Yin (2003) identifica a pesquisa de estudo de caso como a melhor estratégia se as questões de pesquisa forem explicativas, quando a pesquisa é sobre questões contemporâneas e quando os eventos comportamentais dentro do ambiente de pesquisa ocorrem dentro de um contexto do mundo real e fora do controlo do pesquisador. A natureza da gestão consuetudinária da terra e o tipo de ambiente não estruturado em que operam, envolvendo questões sociais, culturais e organizacionais, tornam o estudo de caso ideal para a investigação. Yin (2003) distinguiu ainda entre abordagens de caso único e múltiplo.

A metodologia de investigação de caso único é a base para fazer esta avaliação. A escolha de utilizar um caso único para investigar o fenómeno deve-se à sua capacidade de permitir ao investigador aproximar-se, ter uma visão aprofundada e uma melhor exposição à sua estrutura profunda, possibilitando uma descrição correta. A abordagem do estudo de caso utilizou métodos quantitativos (nomotéticos) e qualitativos (ideográficos). Ao fazê-lo, o investigador construiu um quadro mais completo e mais rico em torno do fenómeno do que dependendo das suas capacidades individuais e também permitiu a validação cruzada para garantir a consistência e a autenticidade (Cavaye, 1996).

De acordo com Walliman (2004), uma estratégia de investigação de método misto é por vezes adequada para a recolha de dados em estudos descritivos. Com base nesta recomendação, foram utilizados métodos quantitativos e qualitativos na realização do estudo. O investigador opta pelo método misto pelas seguintes razões. Em primeiro lugar, porque o investigador aborda várias questões relativamente inexploradas, não é certo qual o método mais adequado para gerar as melhores respostas. Em segundo lugar, o investigador acredita que a combinação de métodos qualitativos e quantitativos produzirá resultados mais abrangentes do que qualquer um dos métodos isoladamente. O investigador espera mostrar que os métodos quantitativos são valiosos para testar a importância relativa de ideias informadas qualitativamente.

População do estudo

O estudo foi limitado ao município de Wa, na região do Alto Oeste do Gana. A população-alvo do estudo incluía líderes de opinião, funcionários da Assembleia Distrital, agências de proteção ambiental, agências não governamentais, proprietários de terras (Tindamba), agricultores, promotores imobiliários, compradores individuais de terras, Comissão de Terras do Gana, Agência de Desenvolvimento da Irrigação do Gana (GIDA), Departamento de Inquéritos do Gana, chefes tradicionais, planeamento territorial e rural, Conselho de Coordenação Regional (CCR) e Conselho de Coordenação Distrital, Gabinete de Planeamento Económico Regional. Estas pessoas são as que estão a par das informações e conhecimentos relevantes sobre a questão em estudo. A decisão do investigador de incluir todas estas pessoas foi para lhe permitir recolher informação extensa e aprofundada sobre a questão em estudo.

O investigador pensou inicialmente em fazer um inquérito censitário envolvendo toda a população-alvo do estudo, mas foi impedido pelo facto de algumas delas não serem facilmente acessíveis. Por conseguinte, a população acessível foi considerada necessária para o estudo.

Amostra e processo de amostragem

Uma amostra representativa da população acessível foi considerada no estudo como a melhor opção. Best e Khan (1995) expressaram a opinião de que o objetivo principal de uma investigação é descobrir princípios que tenham aplicação universal, mas estudar toda uma população para chegar a uma generalização seria impraticável, se não impossível" (p. 10). Isto levou o investigador a utilizar uma amostra representativa da população para o estudo.

O investigador utilizou uma técnica de amostragem intencional para selecionar os inquiridos para o estudo. De acordo com o investigador, a razão para a escolha da técnica de amostragem foi a de selecionar inquiridos que estivessem a par de informações e conhecimentos relevantes sobre a questão em estudo. A decisão do investigador de incluir todas estas pessoas foi a de lhe permitir recolher informações extensas e aprofundadas sobre a questão em estudo.

A amostragem foi efectuada com base em determinadas estratégias. Trata-se de técnicas de amostragem baseadas na teoria e de amostragem de casos críticos. A amostragem baseada na teoria foi utilizada para selecionar os inquiridos com base na sua manifestação na gestão das terras em Wa. A amostragem de casos críticos foi utilizada para selecionar os locais mais importantes que poderiam produzir o maior número de informações e que teriam o maior impacto no desenvolvimento do conhecimento (Patton, 1990). Os locais selecionados para o estudo incluíram Suuriyiri, Mangu, Bamahu, Dukpon, Kuntah-extension, Sawaba, Zongo, Dobile, Kabanye.

Fontes de dados

As principais fontes de dados para o estudo foram as fontes primárias e secundárias. No que diz respeito aos dados primários, o investigador utilizou um guia de entrevista para recolher dados dos inquiridos. Para os dados secundários, recorreu-se a documentos relevantes, livros, revistas, pesquisa na Internet e bibliotecas para obter informações mais pormenorizadas. Os dados secundários forneceram ao investigador mais informações sobre a questão em estudo.

Instrumento de investigação

O investigador utilizou um questionário para recolher dados quantitativos de alguns dos inquiridos alfabetizados. A decisão do investigador de utilizar o questionário prendeu-se com o facto de essas pessoas serem alfabetizadas e poderem responder às perguntas. Um questionário inclui um conjunto de perguntas ou afirmações relacionadas com o objetivo de um estudo. É um instrumento de recolha de dados através do qual os inquiridos são obrigados a responder a perguntas ou a responder a uma determinada afirmação por escrito (Best & Kahn, 1995). Este método fornece as informações necessárias que o investigador pretende obter dos inquiridos. Além disso, foi utilizado um guião de entrevista para ajudar o investigador a recolher dados qualitativos do inquirido. O guião da entrevista foi necessário porque algumas destas pessoas podem não ser capazes de ler e responder aos itens ou podem nem sequer ter tempo para o fazer. Mais uma vez, dá ao investigador a oportunidade de ler, interpretar e redirecionar a sua pergunta para obter a informação certa de forma qualitativa.

Procedimento de recolha de dados

O investigador obteve uma carta de apresentação do Instituto de Estudos de Desenvolvimento da Universidade de Cape Coast, a fim de lhe permitir obter a confiança dos inquiridos. O investigador foi bem recebido pelas autoridades da comunidade e pelos membros da comunidade com base na carta de apresentação. O investigador utilizou o guia de entrevista para entrevistar alguns dos inquiridos. O investigador demorou algum tempo a explicar o guião aos inquiridos de uma forma sistemática. O consentimento dos inquiridos foi pedido em primeiro lugar para que informassem o investigador da hora em que estavam menos ocupados e em que estavam dispostos a conceder a entrevista. Isto foi feito gradualmente até se obter a amostra necessária para o estudo. Através das entrevistas qualitativas, o investigador obteve uma melhor compreensão do contexto em que a terra é gerida no município de Wa.

O investigador administrou um conjunto de questionários a alguns dos inquiridos alfabetizados para lhe permitir obter muitas informações para o estudo. Para conseguir que os inquiridos respondessem ao instrumento atempadamente, o investigador fez um contacto inicial, explicando o objetivo do projeto e solicitando a cooperação dos inquiridos. O investigador encontrou-se com os inquiridos nas suas várias localidades para lhes explicar a lógica e o objetivo do estudo e apelar à sua participação no estudo. Foram seguidos procedimentos rigorosos na seleção dos inquiridos para o estudo.

Análise de dados

Os dados brutos recolhidos junto dos inquiridos foram processados através da codificação dos questionários e das entrevistas. A análise comparativa constante e a análise lógica de conteúdo foram utilizadas para analisar os dados recolhidos através das entrevistas. Os questionários foram analisados utilizando o Statistical Package for Service Solution (SPSS versão 16) e os resultados apresentados em frequência e percentagens.

CAPÍTULO 4

RESULTADOS E DISCUSSÃO

Introdução

Este capítulo trata da apresentação e discussão dos resultados que foram recolhidos junto dos inquiridos, a fim de encontrar respostas para as questões de investigação. Este capítulo está dividido em duas secções. Inclui a discussão das conclusões preliminares e principais. Os resultados são discutidos em relação às questões de investigação, bem como à revisão da literatura. Neste estudo, foi utilizado um modelo descritivo. Foram utilizadas frequências e percentagens na apresentação dos resultados.

Apresentação e discussão dos resultados preliminares

Esta secção fornece basicamente informações de base sobre os inquiridos. Aborda o género e a idade dos inquiridos junto dos quais os dados foram recolhidos. O Quadro 1 mostra a distribuição dos inquiridos por sexo.

Tabela 1: Distribuição dos inquiridos por género

Género	Funcionários públicos		Líderes tradicionais	
	Não.	%	Não.	%
Masculino	16	80.0	42	70.0
Feminino	4	20.0	18	30.0
Total	**20**	**100.0**	**60**	**100.0**

Fonte: Dados de campo, maio de 2013

A partir da Tabela 1, do número total de 20 funcionários públicos inquiridos, 16 (80,0%) eram do sexo masculino, enquanto 4 (20,0%) eram do sexo feminino. Do mesmo modo, 42 (70,0%) dos líderes tradicionais inquiridos eram do sexo masculino, enquanto 18 (30,0%) eram do sexo feminino. O resultado mostra que os homens representam a maioria. Esta diferença pode ser atribuída ao facto de haver mais homens do que mulheres envolvidos na gestão de terras no Município de Wa.

Distribuição etária dos pais inquiridos

O item 3 do questionário e do guia de entrevista procurava obter informações sobre as idades dos inquiridos. As idades dos inquiridos eram variadas. A Tabela 2 mostra a distribuição etária dos inquiridos.

Quadro 2: Distribuição etária dos inquiridos

Idade	Funcionários públicos		Líderes tradicionais	
	Não.	%	Não.	%
30-35 anos	-	-	12	20.0
36-40 anos	2	10.0	9	15.0
41-45 anos	2	10.0	21	35.0
46-50 anos	10	50.0	12	20.0
Mais de 50 anos	6	30.0	6	10.0
Total	**20**	**100.0**	**60.0**	**100.0**

Fonte: Dados de campo, maio de 2013

Da Tabela 2, percebe-se que a maioria das pessoas que se dedicam à gestão de terra 21 (35.0%) estavam entre as idades de 41-45 anos, enquanto 12 (20.0%) dos inquiridos estavam entre as idades de 30-35 anos e 46-50 anos, seis representando (10.0%) estavam acima de 50 anos. Isto implica que a maioria das pessoas que se dedicam à gestão de terras na área de estudo são pessoas jovens e enérgicas que fazem parte da força de trabalho.

Apresentação e análise do resultado principal

Esta parte do estudo trata da apresentação e discussão dos principais resultados que emergiram da investigação. Estes principais resultados são organizados e discutidos de acordo com cada questão de investigação.

Partes interessadas no ordenamento do território

A pergunta de pesquisa 1 procurou descobrir, tanto dos líderes tradicionais como dos funcionários do governo, as suas opiniões sobre as pessoas que são partes interessadas na gestão de terras no Município de Wa. Os itens 4 a 10 do questionário na secção B foram concebidos para ajudar a encontrar respostas para a pergunta de investigação. O quadro 3 representa o resultado.

Quadro 3: Partes interessadas na gestão dos solos

Statement	SA		A		U		D		SD	
	No.	%	No.	%	No.	%	No.	%	No.	%
The Tindabas	5	25.0	8	40.0	-	-	4	20.0	3	15.0
The individual	8	40.0	10	50.0	-	-	2	10.0	-	-
Family heads	6	30.0	4	20.0	-	-	5	25.0	5	25.0
Chiefs	8	40.0	12	60.0	-	-	-	-	-	-
Land commission	3	15.0	4	20.0	5	25.0	4	20.0	4	20.0
Town and country Planning	2	10.0	2	10.0	2	10.0	8	40.0	6	30.0
The District Assembly	5	25.0	5	25.0	2	10.0	3	15.0	5	25.0

Fonte: Dados de campo, maio de 2013

O resultado da Tabela 3 revelou que 13 (65,0%) dos funcionários públicos inquiridos concordaram que os Tindabas (guardiães da terra) são os principais interessados na gestão da terra no Município de Wa, 7 (35,0%) dos inquiridos discordaram da afirmação. Além disso, 18 (90,0%) dos funcionários públicos inquiridos concordaram que o indivíduo é uma parte interessada na gestão da terra, enquanto dois, representando dez por cento dos inquiridos, discordaram.

Mais uma vez, de todos os funcionários do governo, 20 (100.0%) concordaram que os chefes são partes interessadas na gestão de terras no Município de Wa. Sobre a questão dos chefes de família e da Assembleia Distrital não houve diferença na resposta. Mas, em termos de comissão de terras, 8 (40.0%) discordaram, enquanto 7 (35.0%) concordaram, mas 5 (25.0%) ficaram indecisos. Além disso, 10 (50,0%) dos inquiridos discordaram que o planeamento urbano e rural é uma parte interessada na gestão de terras, 8 (40,0%) concordaram e 2 (10,0%) permaneceram indecisos. Estas conclusões estão de acordo com a afirmação de que a administração fundiária no Gana funciona num ambiente plural, com estatutos e leis consuetudinárias, instituições públicas e indígenas, valores tradicionais e normas empresariais a funcionar lado a lado. A terra detida por privados/comunitários representa cerca de 80% da terra no Gana, enquanto o Estado possui cerca de 20% (Antwi & Adams, 2003).

Quando os líderes tradicionais foram entrevistados sobre a questão das partes interessadas na gestão de terras, foi revelado que os Tindabas, Chefes e chefes de família eram as pessoas responsáveis por qualquer assunto relativo a terras. Foi ainda revelado que os funcionários do governo e os promotores imobiliários estavam a interferir na gestão tradicional da terra, tornando a gestão da terra um assunto complexo. Um dos inquiridos deu a seguinte resposta da entrevista;

"Meu irmão, há muitas pessoas que se envolveram em questões de terra que, na realidade, não deviam ter feito. Aqui, a terra é a única coisa que temos e que também podemos usar para ganhar a vida. Neste momento, há quatro dos meus irmãos e duas irmãs que tenho de ajudar a ir à escola. Eu sou o filho mais velho e o nosso pai e a nossa mãe são fracos e pobres, e o único pedaço de terra que nos resta foi tomado pelo governo para desenvolvimento sem qualquer compensação. Deviam permitir-nos gerir a nossa terra". (Entrevistado em 16/02/2013).

Outra pessoa foi entrevistada para saber se os indígenas participam ou não da gestão da terra. A resposta foi a seguinte.

"Hmm! Por vezes é muito doloroso quando falamos de algumas destas questões. Como é que eu posso estar a viver na minha terra a cultivar para alimentar a minha família e alguém tem de vir e decidir por mim como gerir a terra. A terra é nossa e podemos geri-la. O que me preocupa particularmente é o facto de algumas pessoas terem vindo para a comunidade há pouco tempo e agora possuírem uma grande porção de terra e começarem a dar-nos documentos que cobrem um terreno como o deles. Temos que parar com essas coisas ou então ..." (Inquirido, chefe de família 16/02/2013)

Em relação a isto, das 60 pessoas que foram entrevistadas, 54 (90,0%) responderam que são partes interessadas na gestão da terra. Foi entrevistado um grupo variado de pessoas. Algumas pessoas não reflectiram muito sobre a sua escolha de serem partes interessadas na gestão da terra: "Temos o direito de gerir a nossa terra". Outras partilharam narrativas mais complicadas. Por exemplo, um ancião do palácio do chefe explicou que começou a fazer parte dos que gerem a sua terra quando a sua terra tradicional foi tomada por promotores imobiliários com um documento da Comissão de Terras e eles confrontaram os oficiais responsáveis por isso e os membros do conselho do chefe passaram a fazer parte de todas as questões relativas à terra na sua localidade.

Os resultados tanto dos líderes tradicionais como dos funcionários do governo mostram que há vários intervenientes na gestão de terras no município. Isto corrobora as conclusões de Toulmin e Quan (2000), Pottier (2005) e Larbi (2006), que são da opinião de que as estruturas fundiárias consuetudinárias são caracterizadas por vários direitos individuais e comunitários interligados associados à propriedade, e que os conglomerados de tais direitos podem ser muito complexos, particularmente nas zonas periurbanas dos países em desenvolvimento, onde a posse consuetudinária pode sofrer várias transformações em resposta aos elevados níveis de desenvolvimento fundiário e às mudanças na utilização da terra.

Papéis das partes interessadas na gestão do território

A pergunta de investigação 2 procurou descobrir o papel dos intervenientes na gestão de terras. Pediu-se aos funcionários governamentais selecionados que indicassem até que ponto concordavam com a afirmação. A

Tabela 4 ilustra as suas respostas.

Tabela 4: Papel das partes interessadas na gestão da terra

Statement	SA		A		U		D		SD	
	No.	%	No.	%	No.	%	No.	%	No.	%
Selling of land to people	12	60.0	8	40.0	-	-	-	-	-	-
Settling of land disputes	8	40.0	7	35.0	2	10.0	3	15.0	-	-
Controlling of land use	-	-	3	15.0	5	25.0	6	30.0	6	30.0
Preserving land for future generation	7	35.0	6	30.0	-	-	4	20.0	3	15.0

Fonte: Dados de campo, maio de 2013.

As estatísticas da Tabela 4 revelaram que todos os líderes de opinião 20 (100.0%) concordaram que as principais funções dos intervenientes eram a venda de terra, 15 (75.0%) concordaram que os intervenientes ajudam a resolver disputas de terra entre pessoas, enquanto 12 (60.0%) discordaram que os intervenientes desempenham as funções de controlo do uso da terra. Isto apoia as conclusões de Cotula (2007) de que as tendências na posse consuetudinária revelam mudanças nas instituições de gestão de terras. Estas mudanças estão fortemente relacionadas com o 'poder sobre as pessoas', o 'poder sobre os recursos' e as estruturas sócio-políticas das instituições. Embora em alguns casos, por exemplo no Gana, as instituições consuetudinárias de posse (CTIs) tenham conseguido manter ou reforçar a sua capacidade de controlar a terra, noutras partes da África Subsariana, as CTIs estão a ser corroídas pela legislação. Em alguns casos, as instituições consuetudinárias competem com as instituições do governo central ou local no controlo da terra. Estas mudanças institucionais estão a prejudicar a mobilização e a utilização eficazes dos princípios indígenas na gestão de conflitos (Fred-Mensah, 1999).

Numa entrevista com 60 líderes tradicionais sobre o papel das partes interessadas, 57 (95,0%) deles são de opinião que desempenham funções como a venda de terras, a resolução de disputas de terras entre pessoas e a preservação de terras para a geração futura. Um deles apresentou as seguintes narrativas:

"Nós, os líderes tradicionais, ajudamos as pessoas a adquirir terras, a resolver disputas de terras entre as pessoas e a preservar as nossas terras para as gerações futuras. Fazemos isto porque esta é a terra que nos foi deixada pelos nossos avós, por isso temos de a proteger e preservar. Só quando um homem é capaz de proteger e preservar a sua terra é que pode dizer que cumpriu os seus deveres. Aqui, como homem, podemos ir para a floresta e, quando regressamos a casa, temos algo para a família comer".

Isto confirma o trabalho de Peters (2004), que indica que, na África Subsariana, a imagem de sistemas consuetudinários negociáveis e adaptáveis de propriedade e utilização da terra é imperfeita; em vez disso, as exclusões, o aprofundamento das divisões sociais e a formação de classes estão a intensificar os conflitos fundiários. No caso do município de Wa, há uma contestação entre as instituições tradicionais e as estruturas do governo local democraticamente eleitas para a atribuição e gestão de terras. Nalguns casos, esta situação deu origem a conflitos em certas localidades, desestabilizando as comunidades e impedindo as perspectivas de paz e desenvolvimento.

Da mesma forma, o resultado também está de acordo com as conclusões de Kwadwo (2006) de que a natureza comunitária da posse de terra consuetudinária é um desincentivo à iniciativa individual e obstrui o desenvolvimento económico. Existe a noção de que o sistema tradicional de propriedade da terra não permite a propriedade individual da terra, o que não incentiva os indivíduos a investir em actividades baseadas na terra (Abdulai & Ndekugri, 2007). Na opinião de Oduro (2000), a propriedade fundiária consuetudinária restringe as oportunidades de obter e alienar direitos fundiários. Esta transação tradicional informal da terra conduziu ao aumento dos preços da terra, à falta de controlo sobre as transacções de terra e limitou as utilizações da terra (Smith, 2007).

Mais uma vez, a conclusão é consistente com Bruce (1993), segundo o qual, quando a terra assumiu valor, a lei indígena reconheceu gradualmente a venda de terras. O sistema tradicional de propriedade da terra reconhece e defende a propriedade individual da terra. Os proprietários tradicionais respeitam o direito dos beneficiários nas terras que lhes são atribuídas (Abdulai & Ndekugri, 2007).

Além disso, os resultados sugeriram que 13 (65,0%) dos funcionários governamentais concordaram que a preservação da terra para a geração futura era um dos papéis importantes dos intervenientes na gestão da terra no Município de Wa, enquanto 7 (35,0%) discordaram da afirmação. Esta constatação confirma o estudo de Pottier (2005), que concluiu que os grupos políticos, que podem assumir a forma de propriedades, famílias, aldeias, chefias, sociedades étnicas ou outros grupos ou redes, exercem controlo sobre a utilização da terra. Estes grupos consideram-se administradores da terra para as gerações futuras, em vez de proprietários, com base no facto de a terra lhes ter sido dada pelos seus antepassados e pelos deuses da terra. Ollenu (1962) apoiou esta ideia e concluiu que o papel do homem é o de administrador e, por conseguinte, é obrigado a preservar a terra para as gerações futuras. Isto significa que a preservação da terra para uso futuro é muito importante e deve ser encorajada pelas partes interessadas.

Estratégias de gestão do território

A fim de conhecer as estratégias em vigor para a gestão das terras, foi pedido aos inquiridos que indicassem em que medida concordavam com a afirmação. O resultado é ilustrado no quadro 5.

Quadro 5: Estratégias de gestão das terras

Statement	SA		A		U		D		SD	
	No.	%	No.	%	No.	%	No.	%	No.	%
Traditional lands are handled by traditional authorities	3	15.0	2	10.0	8	40.0	7	35.0	-	-
Vested lands are handled by Government officials	9	45.0	11	55.0	-	-	-	-	-	-
Lands are acquired through legal means	10	50.0	6	30.0	2	10.0	2	10.0	-	-
Lands are used for specific purposes	12	60.0	8	40.0	-	-	-	-	-	-

Fonte: Dados de campo, maio de 2013.

O estudo revelou ainda na Tabela 5 que 20 (100,0%) dos inquiridos concordaram que as terras adquiridas são tratadas por funcionários do governo. Mais uma vez, 16 (80,0%) de todas as terras são adquiridas através de procedimentos legais, 2 (10,0%) permaneceram indecisos e 2 (10,0%) discordaram. Isto corrobora a opinião de Johnson (1972) de que o sistema de governação da posse consuetudinária está normalmente aninhado numa série de unidades de governação, que complementam as competências organizacionais e os conhecimentos dos envolvidos na tomada de decisões nas unidades mais pequenas. Estas instituições de governação indígenas podem existir como organismos autónomos ou como organismos organizados numa estrutura hierárquica que é chefiada por 'chefes supremos' e gerida por diferentes níveis de subchefes e comités, dependendo das disposições de posse na área em questão (Cotula, 2007).

Pelo contrário, em relação às terras tradicionais geridas pelas autoridades tradicionais, 8 (40,0%) dos inquiridos estavam indecisos, 7 (35,0%) discordavam e 5 (25,0%) concordavam. Isto mostra que os funcionários governamentais têm uma opinião diferente sobre a estratégia utilizada pelas autoridades tradicionais na gestão das terras. Esta conclusão é contrária à de Kalabamu (2000) e Nkwae (2006) que são da opinião de que o direito de disposição de terras consuetudinárias está nas mãos de grupos de parentesco ou políticos.

Estes grupos políticos, que podem assumir a forma de propriedades, famílias, aldeias, chefias, sociedades étnicas ou outros grupos ou redes, exercem controlo sobre a utilização da terra. Os grupos consideram-se administradores da terra para as gerações futuras, em vez de proprietários, com base no facto de a terra lhes ter sido dada pelos seus antepassados e pelos deuses da terra (Pottier, 2005, Ollenu, 1962).

Também a partir da entrevista, percebeu-se que 90 (90,0%) dos inquiridos disseram que todas as terras deviam ser geridas pelas autoridades tradicionais. Mais ainda, a maioria das pessoas era da opinião de que a interferência das agências estatais na gestão de algumas terras no Município de Wa, que são exclusivamente terras tradicionais, não era uma boa prática. Este facto é revelado numa entrevista com alguns dos líderes tradicionais. Um dos inquiridos apresentou as seguintes narrativas.

"Não é fácil termos de lutar com outras pessoas para termos acesso a algumas das nossas próprias terras. Respeitamos o governo e as leis do país, mas algumas das estratégias adoptadas pelo governo e pelos seus funcionários antes da aquisição de terras não são uma boa prática. Pessoalmente, não gosto disso e sei que os meus parentes também não se sentem confortáveis com isso, porque se queixam. Olhando para os efeitos das estratégias e procedimentos, alguns de nós têm de ir a tribunal antes de reclamar as suas terras e o risco e o custo envolvidos são muito elevados".

Outra pessoa tem o seguinte a dizer.

"Sabes como lutamos", disse um ancião: "A vossa vida é sempre mais importante. É por isso que não devemos ficar à espera que alguém venha e assuma o controlo dos nossos recursos; adquirir terras não é fácil, e permitir que as nossas terras sejam geridas por outra pessoa não vai ser bom para nós. Por isso, as terras tradicionais devem ser deixadas nas mãos da população local para serem geridas. No passado, os governos tinham de pedir um pedaço de terra ao chefe e aos seus anciãos, mas agora as coisas são feitas de forma diferente".

Relacionando os pontos de vista dos inquiridos com a literatura, pode concluir-se que as estratégias utilizadas na gestão das terras no município de Wa não reflectiam os interesses dos indígenas.

Segundo Cotula (2007), as regras de acesso e de utilização das terras consuetudinárias são implementadas e reguladas por autoridades ou instituições consuetudinárias, cuja legitimidade deriva "tanto da anterioridade da presença (os fundadores, ou aqueles que se definem como tal) como do reconhecimento da "aliança mágico-religiosa" que formaram com os génios locais, por um lado, e com as forças políticas, por outro". Estas instituições são geralmente compostas por um chefe ou sacerdotes que servem as divindades da terra e da terra. Estes sacerdotes da terra, chefes tribais ou chefes de clãs exercem a tutela da terra em nome do grupo. Por conseguinte, é-lhes confiada a gestão da terra no seu território e a tomada de decisões sobre a terra atribuída aos membros da comunidade. As instituições de posse consuetudinária regulam o acesso à terra e aos recursos, gerindo assim a tensão 'entre a segurança da terra como bem individual' e 'a segurança da terra como bem comum' (Cotula, 2007: p. 37).

Desafios da gestão do território

O investigador estava igualmente interessado em descobrir os desafios da gestão de terras no Município de Wa. A pergunta de pesquisa 4 procurou encontrar respostas para isso. Pediu-se aos inquiridos que indicassem os desafios associados à gestão de terras. O quadro 6 apresenta os resultados.

Quadro 6: Desafios da gestão das terras

Statement	SA		A		U		D		SD	
	No.	%	No.	%	No.	%	No.	%	No.	%
Improper land agreement and documentation	6	30.0	8	40.0	-	-	4	20.0	2	10.0
Multiple sales of land	8	40.0	10	50.0	2	10.0	-	-	-	-
Inadequate finance	2	10.0	4	20.0	-	-	9	45.0	5	25.0
Use of non-permanent boundaries	10	50.0	3	15.0	2	10.0	2	10.0	3	15.0
Conflict between modernity and tradition	10	50.0	6	30.0	4	20.0	-	-	-	-
Corruption	7	35.0	9	45.0	2	10.0	2	10.0	-	-

Fonte: Dados de campo, maio de 2013.

Da Tabela 6 vê-se que a maioria dos inquiridos 18 (90.0%) concordaram que a venda múltipla de terra era um desafio na gestão de terra, 16 (80.0%) concordaram que o conflito entre modernidade e tradição era um desafio na gestão de terra 16 (80.0%) concordaram que a corrupção era um problema. Isto está de acordo com o Centro para o Desenvolvimento Democrático [CDD], (2000) que a incerteza em estabelecer o verdadeiro proprietário de uma dada parcela de terra; vendas de terra sem escrúpulos; atraso na entrega de infra-estruturas; indisciplina dos agentes fundiários; e corrupção conduziram a um mercado de terras urbanas ineficiente e distorcido no Gana. A atribuição múltipla de terrenos, os litígios entre os proprietários consuetudinários e o governo, a ausência de documentos registados e a indisponibilidade de uma base de dados fiável sobre os proprietários de terrenos são os principais problemas com que se confronta o mercado de terrenos urbanos (Antwi, 2002).

Em relação à documentação imprópria e ao uso de limites não permanentes, 14 (70,0%) concordaram que o acordo e a documentação impróprios da terra eram um problema e 13 (65,0%) concordaram que o uso de limites não permanentes era um desafio. Isto confirma a opinião de Agbosu (2000) de que, na era pré-colonial, os sistemas de posse consuetudinária se baseavam em observação e práticas contínuas. Nestes sistemas, os limites das parcelas de terra eram normalmente identificados com marcos não permanentes, tais como ribeiros, arbustos e árvores. Além disso, as transacções de terras consuetudinárias não eram registadas por escrito, mas sim legitimadas e aprovadas publicamente em reuniões cerimoniais públicas. Kasanga (1999) e Deininger

(2003) corroboraram este facto quando observaram que a utilização destes indicadores de limites não permanentes, alguns dos quais são difíceis de rastrear ao longo do tempo, e a ausência de dados básicos relativos às transacções, conduziram a muitos problemas relacionados com a terra, incluindo disputas de terra e litígios.

Pelo contrário, 14 (70.0%) discordaram que o financiamento era um desafio na gestão da terra. Isto contradiz as conclusões de Durand-Lasserve (2006) de que os proprietários de terra têm dificuldade em aceder ao crédito de instituições financeiras ou de crédito, porque lhes é exigido que apresentem documentos válidos para provar os seus direitos de ocupação da terra. Este facto, por sua vez, desencoraja as pessoas de fazerem os investimentos necessários para o desenvolvimento das zonas agrícolas.

Além disso, as autoridades tradicionais do município de Wa foram entrevistadas sobre os desafios da gestão de terras. Nas suas respostas, percebeu-se que a venda múltipla de terras, o conflito entre a modernidade e o direito consuetudinário e a corrupção eram os principais desafios enfrentados pela gestão de terras no município de Wa. As conclusões de Rugege *et al.* (2007) concordam com isto quando afirmam que os principais problemas enfrentados pela gestão de terras no âmbito dos sistemas tradicionais em África são a corrupção, a contradição entre os sistemas tradicionais e a modernidade, a venda ou o controlo de terras para lucro e benefícios pessoais e as práticas discriminatórias. Indicaram que estas últimas incluem a discriminação contra as mulheres e uma mudança para práticas comerciais e de acumulação.

Com base nos argumentos, pode concluir-se que existem desafios relacionados com a gestão dos terrenos no município de Wa. Por conseguinte, será prudente fornecer uma plataforma de envolvimento das partes interessadas para lidar com as questões identificadas.

Conclusão

Este capítulo explica como os dados recolhidos foram analisados e discutidos em relação às questões de investigação. A apresentação dos resultados e das conclusões foi dividida em conclusões preliminares e principais. A secção preliminar tratou da informação de base dos inquiridos, enquanto a segunda secção tratou das principais conclusões. Cada uma das questões de investigação foi analisada e discutida em relação à revisão da literatura. As conclusões foram tiradas com base nos resultados.

CAPÍTULO 5

RESUMO, CONCLUSÕES E RECOMENDAÇÕES

Introdução

Este capítulo apresenta um resumo do estudo, bem como os principais resultados que emergiram da investigação. O capítulo contém também as conclusões e recomendações que foram feitas com base nos resultados do estudo.

Resumo do estudo

Este estudo tinha como objetivo geral examinar a gestão de terras no Município de Wa, na Região do Alto Oeste. No entanto, em termos específicos, o estudo procurou

i. Identificar os intervenientes relevantes na gestão dos solos no município de Wa
ii. Examinar o papel das partes interessadas na gestão das terras no município de Wa
iii. Examinar as estratégias em vigor para a gestão dos solos no município de Wa
iv. Examinar os desafios que as partes interessadas encontram na gestão das terras

Para o efeito, o investigador utilizou o tipo de investigação de estudo de caso para o estudo. A população-alvo do estudo incluía autoridades tradicionais e funcionários do governo. A amostra era constituída por ambos os sexos. A amostra foi selecionada utilizando a técnica de amostragem intencional para selecionar os funcionários do governo e os líderes tradicionais na gestão de terras. A dimensão da amostra foi constituída por 60 líderes tradicionais e 20 funcionários públicos com representação equitativa.

O investigador utilizou o questionário para recolher dados dos funcionários públicos inquiridos. Isto porque o investigador estava a lidar com pessoas que podiam ler, compreender e responder adequadamente a cada um dos itens que lhes eram propostos. Foi utilizado um guião de entrevista para ajudar a investigação a recolher dados dos líderes tradicionais através de entrevistas. Os dados recolhidos foram analisados utilizando o Statistical Package for Service Solution (SPSS versão 16). Os resultados foram apresentados sob a forma de tabelas que utilizam frequências e percentagens. Cada resultado foi discutido e interpretado em relação à literatura.

Resumo das principais conclusões

Com base nos dados analisados e na discussão dos resultados, o seguinte representa o resumo das conclusões.

Todos os funcionários públicos 20 (100,0%) concordaram que os chefes são partes interessadas na gestão de terras. Além disso, um maior número de inquiridos, 18 (90,0%) dos funcionários responderam que os indivíduos são partes interessadas na gestão de terras e 13 (65,0%) concordaram que os Tindanbas são partes interessadas na gestão de terras. Quando os líderes tradicionais foram entrevistados sobre a questão das partes interessadas na gestão de terras, foi revelado que os Tindabas, Chefes e chefes de família eram as pessoas responsáveis por qualquer assunto relativo a terras.

Mais uma vez, o estudo revelou que todos os líderes de opinião 20 (100,0%) concordaram que as principais funções dos intervenientes eram a venda de terra, 15 (75,0%) concordaram que os intervenientes ajudam a resolver disputas de terra entre as pessoas, enquanto 12 (60,0%) discordaram que os intervenientes desempenham as funções de controlo do uso da terra. Numa entrevista com 60 líderes tradicionais sobre o papel das partes interessadas, 57 (95,0%) deles disseram que desempenham funções como a venda de terra, a resolução de disputas de terra entre as pessoas e a preservação da terra para a geração futura.

Mais ainda, os resultados do estudo revelaram que 20 (100,0%) dos inquiridos concordaram que as terras adquiridas são tratadas por funcionários do governo. Mais uma vez, 16 (80,0%) concordaram que todas as terras são adquiridas através de procedimentos legais. Pelo contrário, no que diz respeito às terras tradicionais geridas pelas autoridades tradicionais, 8 (40,0%) dos inquiridos estavam indecisos, 7 (35,0%) discordaram e 5 (25,0%) concordaram, enquanto 57 (90,0%) dos líderes tradicionais disseram que todas as terras tradicionais deviam ser geridas pelas autoridades tradicionais.

Além disso, relativamente à questão dos desafios da gestão de terras, foi revelado que a maioria dos inquiridos 18 (90,0%) concordou que as vendas múltiplas de terras eram um desafio na gestão de terras, 16 (80,0%) concordaram que o conflito entre modernidade e tradição era um desafio na gestão de terras 16 (80,0%) concordaram que a corrupção era um problema. Pelo contrário, 14 (70,0%) discordaram que o financiamento era um desafio na gestão de terras. Os resultados dos entrevistados mostraram que a venda múltipla de terras, o conflito entre modernidade e tradição e a corrupção são desafios na gestão de terras.

Conclusões

Dos resultados do estudo, o pesquisador fez as seguintes conclusões. Em primeiro lugar, uma vez que a maioria dos inquiridos concordou que os chefes, Tindambas, chefes de família e os indivíduos são partes interessadas na gestão de terras, pode concluir-se que há vários grupos de pessoas responsáveis pela gestão de terras no

Município de Wa. Isto apoia as descobertas de Toulmin e Quan (2000), Pottier (2005) e Larbi (2006) que são da opinião que as estruturas de terra consuetudinárias são caracterizadas por vários direitos individuais e comunitários interligados associados à propriedade, e que os conglomerados de tais direitos podem ser muito complexos, particularmente em áreas peri-urbanas nos países em desenvolvimento, onde a posse consuetudinária pode sofrer várias transformações em resposta a altos níveis de desenvolvimento da terra e mudanças no uso da terra.

Mais uma vez, percebeu-se que tanto os funcionários do governo como os líderes tradicionais concordaram que as partes interessadas são responsáveis pela venda da terra, pela resolução de disputas de terra entre as pessoas e pela preservação da terra para a geração futura.

Mais ainda, verificou-se que a maioria dos funcionários públicos concordava que as terras devolutas deviam ser geridas pelos funcionários públicos, mas discordava que as terras tradicionais deviam ser geridas pelas autoridades tradicionais; enquanto as autoridades tradicionais consideravam que a gestão das terras tradicionais devia ser separada das terras do Estado. Por conseguinte, pode concluir-se que existe um desacordo entre o sistema tradicional de gestão das terras e a gestão das terras do Estado.

Por último, verificou-se que a venda múltipla de terras, o conflito entre modernidade e tradição e a corrupção constituíam desafios na gestão de terras no município. Conclui-se, portanto, que existem desafios na gestão de terras no município de Wa.

Recomendações

Com base nos resultados do estudo e nas conclusões que foram tiradas, são feitas as seguintes recomendações para ajudar a melhorar a gestão das terras no município de Wa. A relação entre os vários intervenientes no ordenamento do território do município deve ser reforçada para que possam trabalhar de forma eficaz e eficiente. As pessoas devem ser encorajadas e motivadas a desempenhar as suas funções no ordenamento do território para evitar qualquer mal-entendido no desempenho das suas funções de gestores do território. Tanto as instituições estatais como as autoridades tradicionais devem ser encorajadas pelas partes interessadas e pelo governo a procurar meios alternativos de resolução de conflitos relacionados com a terra. Além disso, o Governo e as organizações não governamentais devem dar apoio e formação adequada às pessoas da comunidade para que possam compreender as questões de gestão e utilização da terra. Isto ajudará a melhorar o sistema de gestão de terras no município e a reduzir a pobreza ao mínimo possível, uma vez que esta pode conduzir a conflitos.

Além disso, deve ser dada muita formação sobre a documentação correta e a demarcação dos limites da terra aos jovens e às pessoas da comunidade, para ajudar a complementar a existente e permitir-lhes proteger as suas terras e propriedades. Isto ajudaria a resolver o problema da venda múltipla de terras e o conflito que lhe está associado. A natureza dualista da gestão de terras, que gera conflitos entre a modernidade e o sistema consuetudinário, deve ser reexaminada e as diferenças resolvidas para trazer sanidade ao município. As pessoas sem escrúpulos envolvidas em práticas corruptas relacionadas com questões fundiárias devem ser levadas a tribunal pelas autoridades e agências competentes. Estas agências devem ser reforçadas e capacitadas pelo governo para lidar com os culpados sem quaisquer favores.

Sugestões para estudos futuros

Como qualquer outro trabalho de investigação, este estudo tem algumas limitações. É de salientar que este estudo faz parte de outras investigações semelhantes realizadas em diferentes áreas. Tendo em conta as suas limitações, o investigador gostaria de sugerir a realização de mais trabalhos de investigação nas seguintes áreas

i. Política e administração fundiária.
ii. Os factores que estão na origem dos conflitos fundiários no país.
iii. A relação entre as agências estatais e as autoridades tradicionais na gestão das terras.

REFERÊNCIAS

Abdulai, R. T., & Ndekugri, I. E. (2007). Customary landholding institutions and housing development in urban centres of Ghana: case studies of Kumasi and Wa. *Habitat International 31(2),* 257-267

Agbosu, L. K. (2000). *Land law in Ghana: contradiction between Anglo American and customary conception of tenure practices, Land tenure centre.* An Institute for Research and Education on social structures, Rural Institution, Resource use and development, University of Wisconsin, Madison USA.

Alden W. L. (2008). Custom and commonage in Africa rethinking the orthodoxies. *Land Use Policy 25* (1), 43-52.

Alden W. L., & Hammond, D. (2001). *Land security and the poor in Ghana: is there a way forward?* A Land Setor Scoping Study, DFID Ghana's Rural Livelihoods Programme.

Amanor, K. S. (2005). "Jeunes, migrants et marchandisation de l'agriculture au Ghana". *Afrique Contemporaine,* 2005-2: 85-101.

Amanor, K. S. (2008). *The changing face of customary land tenure,* In: *Contesting land and custom in Ghana: State, Chief and the Citizen.* Ubink, J. & Amanor, K. S. (Eds.), Leiden, Países Baixos (Leiden University Press).

Antwi, A. Y. (2002). A Study of Informal Urban Land Transactions in Accra, Ghana. *Our Common Estate,* Royal Institution of Chartered Surveyors Foundation.

Antwi, A. Y., & Adams, J. (2003). *Rent-seeking behaviour and its economic costs in urban land transactions in Accra, Ghana.* Urban Studies 40 (10), 2083-2098.

Aryeetey, E., Ayee, R. A. J., Ninsin, A. K. & Tsikata, D. (2007). *The politics of land tenure reform in Ghana: from the Crown Lands Bills to the Land Administration Project.* Publicação Técnica 71, Legon, Accra, ISSER (Universidade do Gana): 90.

Bassett, T. J. (1993). "Introduction: the land question and agricultural transformation in sub-Saharan Africa" in Bassett T. J., & Crummey, D. (Eds.), *Land in African Agrarian Systems.* Madison: University of Wisconsin Press.

Berry, S. (1993). *No condition is permanent: the social dynamics of agrarian Change in sub-Saharan Africa.* Madison: University of Wisconsin Press.

Berry, S. (2002). The everyday politics of rent-seeking: land allocation on the outskirts of Kumasi, Ghana, In: *Negotiating property in Africa.* Lund, C., & Juul, K. (Eds), Portsmouth: Heinemann.

Best, J. W., & Kahn, J. V. (1995). *Research in education* (7th ed.) New Delhi: Prentice-Hall Inc.

Biesele, M. A., Hubbard, D., & Ford, J. (1991). *Land issues in Nyae Nyae: a Communal areas example in Namibia.* Windhoek (Fundação para o Desenvolvimento de Nyae Nyae da Namíbia).

Bob, U., Swart, K., Maharaj, B., & Louw, P. (2008). Natureza, pessoas e ambiente: Overview of selected issues. *Alternância, 15* (1), 17-44.

Bruce, J. W. (1993). *Do indigenous tenure systems constrain agricultural development?* Dubuque: Kendall/Hunt Publishers.

Carton, B. (2000). *Sangue dos vossos filhos: The colonial origins of generational conflict in South Africa [As origens coloniais do conflito geracional na África do Sul].* Pietermaritzburg: University of Natal Press.

Cavaye, A. L. M. (1996). Case study research: a multi-faceted research approach for *IS. Information systems journal, 6,* 227-242

Centro para o Desenvolvimento Democrático (2000). Estudo Organizacional da Terra

Centro para o Desenvolvimento Democrático (2000). Estudo Organizacional das Agências do Setor Fundiário. CDD: Accra

Chellan, N., & Khan, S. (2008). Contesting ecotourism development in the iSimangaliso Wetland Park in KwaZulu-Natal. *Alternation,* 15 (1), 268-289.

Colin, J. & Ayouz, M. (2006). The Development of a Land Market? Insights from Cote d'Ivoire", *Land Economics,* 82 (3): 404-423

Cotula, L. (Ed.) (2007). *Changes in 'customary' land tenure systems in Africa,* IIED.

Cotula, L., & Toulmin, C. (2004). *Till to tiller: international migration, Remittances and land rights in West Africa.* Londres: IIED.

Crook, R. C. (2005). *State courts and the regulation of land disputes in Ghana: the litigants' perspective. Documento de Trabalho 241 do IDS.* Brighton: Instituto de Estudos de Desenvolvimento de Inglaterra.

Crook, R. C. (2009). Customary justice institutions and local alternative dispute resolution: what kind of protection can they offer to customary landholders, In: *Contesting Land and Custom in Ghana: State, Chief and the Citizen.* Ubink, J., & Amanor, K. (Eds), Leiden: Leiden University Press.

Cross, C., & Friedman, M. (1997). Women and tenure: Marginalidade e o poder da mão esquerda. Em Meer, S. (ed) *Women, land and authority: Perspectives from South Africa.* Braamfontein: Comité Nacional da Terra.

Deininger, K. (2003). *Land Policies for Growth and Poverty Reduction,* co-publicado pelo Banco Mundial e pela Oxford University Press, 2003, e disponível em http://lnweb18.worldbank.org/ESSD/essdext.nsf/24ByDocName/PRReDiscussionDownloadPRR, consultado em 30 de novembro de 2012

Deininger, K., & Castagnini, R. (2006). Incidence and impact of land conflict in Uganda (Incidência e impacto do conflito de terras no Uganda). *Journal of Economic Behaviour and Organisation, 60* (3), 321-345.

Delville, P. L., Ouedraogo, H., & Toulmin, C. (2002). *Land tenure dynamics and State intervention: challenges, ongoing experience and current debates on land tenure in West Africa.* Workshop internacional para investigadores e decisores políticos sobre como tornar os direitos à terra mais seguros. Ouagadougou,

Bourkina Fasso.

Dorner, P. (1972). *Land reform and economic development (Reforma agrária e desenvolvimento económico).* London: Penguin.

Dowuona-Hammond, C. (2003). *State land management regime: impact on land rights of women and the poor in Ghana.* Série Acesso à Justiça, 2: 207. Accra, Gana: Procurador-Geral e Ministério da Justiça.

Drimie, S. (2002). The impact of HIV/AIDS on land: case studies from Kenya, Lesotho and South Africa, Roma, FAO: http://www.sarpn.org.za/documents/d0000147/P143_Impact_of_HIVAIDS.pdf.retrievedNovember 12, 2012.

Durand-Lasserve, A. (2006). Os assentamentos informais e o Objetivo de Desenvolvimento do Milénio: debates políticos globais sobre a propriedade e a segurança da posse. *Desenvolvimento Urbano Global 2* (1).

UE (2004). *Diretrizes políticas da EULand.* Diretrizes para apoiar a conceção de terras e os processos de reforma da política fundiária nos países em desenvolvimento. Grupo de Trabalho da UE sobre a Posse da Terra, UE, 38 pp.

Filatova, T., Parker, T. D., & Van der Veen, A. (2009). Agent-Based Urban Land Markets: Agent's Pricing Behavior, Land Prices and Urban Land Use Change *Journal of Artificial Societies and Social Simulation* 12 (13).

Fred-Mensah, B. K. (1999). Capturing ambiguities: communal conflict Management alternative in Ghana. *Desenvolvimento Mundial 27* (6): 951-965.

Gough, K. V., & Yankson, P. W. K. (2000). Land Markets in African Cities: The Case of Periurban Accra, Ghana, *Urban Studies,* 37 (13), 2485- 2500,

Gyekye, K. (1998). *Tradition and modernity: philosophical reflections on the African experience (Tradição e modernidade: reflexões filosóficas sobre a experiência africana).* Nova Iorque: Oxford University Press.

IIED (2006). *Inovação na garantia dos direitos fundiários em África: lições da experiência.* Documento informativo. Tigray, Etiópia: IIED.

Johnson, O. E. G. (1972). Economic analysis: the legal framework and land Tenure systems (Análise económica: o quadro jurídico e os sistemas de posse da terra). *Journal of Law and Economics 15:* 259-276.

Joireman, S. F. (2008). The mystery of capital formation in Sub-Saharan Africa: women, property rights and customary law (O mistério da formação de capital na África Subsariana: mulheres, direitos de propriedade e direito consuetudinário). *World Development 36* (7): 1233-1246.

Juul, K., & Lund, C. (2002). *Negotiating property in Africa.* Londres: Heinemann.

Kagwanji, P. (2009). *Ethnicity, land and conflict in Africa: The cases of Kenya, Uganda, Tanzania and Rwanda.* Nairobi, Série de Documentos de Trabalho do Africa Policy Institute.

Kalabamu, F. T. (2000). Land tenure and management reforms in East and Southern Africa - the case of

Botswana. *Land Use Policy 17* (4): 305-319.

Kasanga, K. R. (2008). *Land Policy and Land Management from the Traditional Perspective in Ghana,* um documento apresentado na Universidade de Leeds, abril de 2008.

Kasanga, K. R., & Kotey, N. A. (2001). *Land management in Ghana: building on Tradition and modernity. Land Tenure and Resource Access in West Africa.* Londres: IIED.

Kasanga, K. R. (1999). Land tenure and regional investment prospects: the case of the tenurial systems of Northern Ghana. *Land Management and Environmental Policy Series* 1 (1). Kumasi, Gana: Institute of Land Management and Development (ILMAD), Universidade de Ciência e Tecnologia.

Kironde, J. M. L. (2000). Understanding land markets in African urban areas: the case of Dar es Salaam, Tanzania. *Habitat Internacional* 24:151-165.

Kotey, A. & Yeboah, M. O. (2003). *Peri-urbanism, land relations and women in Ghana (Periurbanismo, relações fundiárias e mulheres no Gana).* Access to Justice Series 1. Accra, Gana: Procurador-Geral e Ministério da Justiça e Cooperação Técnica Alemã.

Kwadwo, G. (2006). *Land reform in Ghana (Reforma agrária no Gana).* Um documento apresentado na 22nd Conferência anual da American Real Estate Society, Key West, Florida, EUA, 19-22 de abril.

Larbi, W. O. (2006). *Reforma da administração fundiária num ambiente plural - o caso do Gana.* Promoting Land Administration and Good Governance, 5ª Conferência Regional da FIG. Accra, Gana.

Lavigne, D. P. (2000). *Harmonização da lei formal e dos direitos consuetudinários à terra na África Ocidental francófona.* In: Toulmin, C. & Quan, J. (Eds.), Evolving Land rights, Policy and Tenure in Africa. DFID/ IIED/NRI, Londres, 97-120.

Mahama, C., & Dixon, M. (2006). Acquisition and affordability of land for housing in urban Ghana: a study in the formal land market dynamics. *RICS Research paper series 6* (10).

Mathieu, P., Delville Lavigne, P., Ouédraogo, H. J., Bologo, E., Koné, N. & Triollet, K. (2003). *Making land transactions more secure in the west of Burkina Faso.* Burkina Faso: IIED.

McMillan, J. H. (1996). *Educational research: Fundamentals for the consumers* (2nd ed.). Nova Iorque: Harper Collins.

Mends, M. T., & De Meijere, J. (2006). *Um estudo da instituição do sistema consuetudinário de posse de terra no fornecimento de direitos de propriedade para o desenvolvimento urbano - Um exemplo de Accra Gana.* 5ª Conferência Regional da FIG sobre a promoção da administração fundiária e da boa governação. Accra, Gana (FIG): 14.

Meek, C. K. (1968). *Land law and custom in the colonies (Direito fundiário e costumes nas colónias).* Londres: Frank Cass.

Migot-Adholla, S., & Bruce, J. W. (1994). Are indigenous African tenure systems insecure?, in: *Searching for Land Tenure Security in Africa.* Bruce, J. W., & Migot-Adholla, S. E. (eds). Dubuque: Kendall/Hunt

Publishers. 1-13.

Ministério do Território e das Florestas. (2003). *Manual de implementação do Projeto de Administração Fundiária* (LAP-1) (2003-2008). Ministério do Território e das Florestas, Accra, 67 pp.

Mkhabela, T. (2006). Impacto dos sistemas de posse de terra nos conflitos de terra: Swaziland - a country case study. *Africanus,* 36 (1), pp. 58-74.

Nkwae, B. (2006). *Conceptual framework for modelling and analyzing periurban Land problems in Southern Africa* (dissertação). Departamento de Geodesia e Engenharia Geomática. New Brunswick: Universidade de New Brunswick.

Obioha, E. E. (2008). Change in tenure pattern and customary land practices among Igbo community in South-eastern Nigeria (Mudança no padrão de posse e práticas fundiárias consuetudinárias na comunidade Igbo no Sudeste da Nigéria). *Anthropologist 10* (1), 45-53.

Odgaard, R. (2006). *Direitos à terra e conflitos fundiários em África: O caso da Tanzânia.* Copenhaga: Instituto Dinamarquês de Estudos Internacionais.

Ollenu, N. A. (1962). *Principles of customary land law in Ghana.* Londres: Sweet and Maxwell.

Paterson, D.E. (2001). Some thoughts about customary land. *Journal of South Pacific Law 5:* 14.

Patton, M. Q. (2002). *Qualitative research and evaluation methods (*3rd ed.). Thousand Oaks, CA: Sage.

Patton, M. Q. (1990). *Qualitative evaluation and research methods* (2nd ed.). Newbury Park, CA: Sage.

Peters, P. E. (2004). Inequality and social conflict over land in Africa (Desigualdade e conflito social sobre a terra em África). *Journal of Agrarian Change,* 4 (3), 269-314.

Recenseamento da População e da Habitação (2010). Serviço de Estatística do Gana, Acra.

Pottier, J. (2005). 'Customary land tenure' in Sub-Saharan Africa today: meanings and contexts, in: *From the group up: land rights, conflict and peace in Sub Saharan Africa.* H. Chris, e C. Jenny (eds), Nairobi e Pretória (ACTS e ISS): 66-75.

Rose, L. L. (1992). *The Politics of Harmony:* Land Dispute Strategies in Swaziland (Estratégias de Disputa de Terras na Suazilândia). Cambridge: Cambridge University Press. 234 pp.

Rugege, D., Bob, U., Moodley, V., Mtshali, S., Mutanga, O. & Mthembu, A. (2007). *A literature review for the Baseline Survey on Communal Land Rights Act in KwaZulu-Natal.* Submetido ao Departamento de Assuntos de Terra, Pretória.

Shipton, P., & Goheen, M. (1992). Introduction. Understanding African land holding: power, wealth and meaning. *África* 62 (3), 307-325.

Smith, R. (2007), Land tenure, fixed investment, and farm productivity: evidence from Zambia's southern province. *World Development 32* (10): 1641-1661.

Toulmin, C. (2009). Assegurar os direitos à terra e à propriedade na África Subsariana: o papel das instituições locais. *Land Use Policy* 26 (1): 10-19.

Toulmin, C., & Quan, J. (Eds.). (2000). *Evolving land rights, policy and tenure in Africa.* DFID issues. Londres: Departamento para o Desenvolvimento Internacional com IIED/NRI.

Ubink, J. M. (2008). *In the land of the Chiefs: customary law, land conflicts, and The role of the State in peri-urban Ghana* (dissertação). Leiden: Universidade de Leiden, Países Baixos.

Ubink, J. M. (2007). Tenure security: wishful policy thinking or reality? Um caso do Gana peri-urbano. *Jornal de Direito Africano 51* (2).

Ubink, J. M. & Quan, J. F. (2008). Como combinar tradição e modernidade regulando a gestão de terras consuetudinárias no Gana. *Land Use Policy 25* (2): 198-213.

Walliman, N. (2004) *O seu projeto de investigação:* A step by step guide for first time research. Califórnia: Sage Publications.

Whitehead, A. & Tsikata, D. (2003). Policy discourses on women's land rights in sub-Saharan Africa: the implications of the return to the customary. *Journal of Agrarian Change 3 (12), 67-112.*

Banco Mundial (2003). *Projeto de Administração Fundiária do Gana. Documento de Avaliação do Projeto.* Washington, D.C.: Banco Mundial. 103.

Yin, R. K. (2003). *Case Study Research: Design and Methods.* Califórnia: Sage Publications.

Apêndice A

UNIVERSIDADE DE CAPE COAST

INSTITUTO DE ESTUDOS PARA O DESENVOLVIMENTO

QUESTIONÁRIOS PARA OS INQUIRIDOS

Foi selecionado para participar neste exercício com o objetivo de fornecer informações para um estudo que está a ser realizado para avaliar a gestão das terras no município de Wa, na região do Alto Oeste do Gana. Trata-se de um estudo realizado para ser apresentado ao Instituto de Estudos de Desenvolvimento da Faculdade de Ciências Sociais da Universidade de Cape Coast, em cumprimento parcial dos requisitos para a atribuição do grau de Mestre em Governação e Desenvolvimento Sustentável. Por favor, responda às perguntas com a maior franqueza possível. Tudo o que disser será tratado como confidencial. Agradecemos desde já a sua colaboração. Assinale [V] quando for caso disso e, para os outros, pode especificar por escrito.

SECÇÃO A

Dados de base dos inquiridos

1. Nome da Organização/Departamento ....
2. Sexo: Masculino [ ] Feminino [ ]
3. Idade: Entre 20 - 25 [ ] Entre 26 - 30 [ ] Entre 31 - 35 Entre 36-40 Acima de 40 [ ]

SECÇÃO B

Partes interessadas na gestão de terras no município de Wa

Por favor, responda às seguintes afirmações sobre as partes interessadas na gestão de terras em Wa

Município. Indique em que medida concorda com a afirmação utilizando as ferramentas abaixo; SA- Concordo totalmente, A-Concordo, U-Indeciso, D-Discordo, SD-Discordo totalmente

Declaração As seguintes pessoas são partes interessadas na gestão das terras em Wa	SA	A	U	D	SD
4. Os Tindabas					
5. O indivíduo					
6. Os chefes de família					
7. Os chefes					
8. Comi ssão de Terras					
9. Planeamento urbano e rural					
10. A Assembleia Distrital					

11. Outros (especificar) ....

SECÇÃO C

Os papéis das partes interessadas na gestão de terras no município de Wa

Declaração	SA	A	U	D	SD
12. Venda de terrenos a pessoas para utilizações diversas					
13. Resolução de conflitos de terras entre pessoas					
14. Controlo da utilização dos solos na comunidade					
15. Preservar a terra para a geração futura					
16. Criar procura de terrenos					

Por favor, responda às seguintes afirmações sobre os papéis das partes interessadas na gestão de terras. Indique até que ponto concorda com a afirmação usando as ferramentas abaixo; SA- Concordo fortemente, A-Concordo, U- Indeciso, D-Discordo, SD-Discordo fortemente

17. outros (especificar) ....

SECÇÃO D

Estratégias de gestão dos solos no município de Wa

Por favor, responda às seguintes afirmações sobre as estratégias de gestão do território.

Indique em que medida concorda com a afirmação utilizando as ferramentas abaixo; SA-Concordo totalmente, A-Concordo, U-Indeciso, D-Discordo, SD-Discordo totalmente

Declaração	SA	A	U	D	SD
18. As terras consuetudinárias são geridas pelas autoridades tradicionais					
19. As terras devolutas são geridas por agências governamentais					
20. Os conflitos sobre a terra e os recursos na comunidade são encaminhados para as autoridades competentes					
21. Processos legais seguidos antes da aquisição de terras					
22. Os terrenos adquiridos para projectos específicos são utilizados para esses projectos					

23. Outros (especificar) ....

SECÇÃO E

Desafios da gestão dos solos no município de Wa

Por favor, responda às seguintes afirmações sobre os desafios da gestão de terras. Indique até que ponto concorda com a afirmação utilizando as ferramentas abaixo; SA-Concordo Totalmente, A-Concordo, U-Indeciso, D-Discordo, SD-Discordo Totalmente

Declaração	SA	A	U	D	SD
24. Acordo e documentação fundiária inadequados					
25. Vendas múltiplas de terrenos					
26. Financiamento inadequado					
27. Utilização de limites não permanentes para a demarcação de terras					
28. Contradição entre modernidade e tradição					
29. Corrupção					

30. Outros (especificar) ....

Apêndice B

UNIVERSIDADE DE CAPE COAST

INSTITUTO DE ESTUDOS PARA O DESENVOLVIMENTO

GUIA DE ENTREVISTA PARA OS INQUIRIDOS

Foi selecionado para participar neste exercício com o objetivo de fornecer informações para um estudo que está a ser realizado para avaliar a gestão das terras no município de Wa, na região do Alto Oeste do Gana. Trata-se de um estudo realizado para ser apresentado ao Instituto de Estudos de Desenvolvimento da Faculdade de Ciências Sociais da Universidade de Cape Coast, em cumprimento parcial dos requisitos para a atribuição do grau de Mestre em Governação e Desenvolvimento Sustentável. Por favor, responda às perguntas com a maior franqueza possível. Tudo o que disser será tratado como confidencial. Agradecemos antecipadamente a sua colaboração. Assinale [V] quando for caso disso e, para os outros, pode especificar por escrito.

SECÇÃO A

Dados de base dos inquiridos

1. Ocupação ....
2. Sexo: Masculino [ ] Feminino [ ]
3. Idade: Entre 20 e 25 anos [ ] Entre 26 e 30 anos [ ] Entre 31 e 35 anos Entre 36 e 40 anos [ ] Mais de 40 anos [ ]

SECÇÃO B

Partes interessadas na gestão de terras no município de Wa

4. Que pessoas são responsáveis pela gestão das terras no município de Wa?
5. Está envolvido na gestão do território do município de Wa?

SECÇÃO C

Os papéis das partes interessadas na gestão de terras no município de Wa

6. Quais são os papéis das partes interessadas na gestão das terras?
7. Quais são os seus contributos para a gestão do território?
8. Quão suficiente é o papel das partes interessadas na gestão dos terrenos?

SECÇÃO D

Estratégias de gestão dos solos no município de Wa

9. Que estratégias foram postas em prática para a gestão das terras?

10. Como são geridas as terras no município de Wa?

11. Quais são algumas das formas eficazes de gestão dos terrenos no município de Wa?

SECÇÃO E

Desafios da gestão dos solos no município de Wa

12. Quais são alguns dos desafios que enfrenta na gestão dos terrenos?

13. O que é que contribui para alguns dos desafios que os funcionários enfrentam ao lidar com as questões da terra?

14. Qual é a relação entre o Estado e a autoridade tradicional na gestão das terras?

MIX
Papier aus verantwortungsvollen Quellen
Paper from responsible sources
FSC® C105338

Printed by Books on Demand GmbH, Norderstedt / Germany